职业教育计算机类专业系列教材

影视编辑项目教程

Premiere Pro CS6（中文版）

主　编　原旺周　肖彦臣

副主编　程远炳　崔瑞峰　顾谦倩

参　编　刘　建　索晓燕　刘晓磊

　　　　杨　立　苏红玉　程利娟

主　审　朱　强

机械工业出版社

本书立足"以服务发展为宗旨,以促进就业为导向"的国家职业教育发展目标,遵循"以项目为载体,以能力为目标,以学生为主体"的课程教改三原则,根据教育部最新颁布的专业教学标准、国家职业标准以及职业院校"双证书"教材编写的要求,采用"任务驱动,项目教学,案例实现"的形式进行编写,注重培养学生的动手能力和职业素养。本书共8个项目,包括素材管理、影视基本编辑、视频转场特效应用、字幕制作、视频特效应用、调色、音频编辑和综合应用。每个项目由多个任务组成并配有练习题,每个任务均由知识准备、任务实施、知识拓展、巩固与提高组成。

　　本书可作为各类职业院校计算机应用、数字媒体、平面设计、动漫游戏等专业以及相关培训班的教材。

　　本书配有电子课件、习题答案、案例素材及源文件等,选用本书作为教材的教师可以从机械工业出版社教育服务网(www.cmpedu.com)免费注册下载或联系编辑(010-88379194)咨询。

图书在版编目(CIP)数据

影视编辑项目教程Premiere Pro CS6/原旺周,肖彦臣主编. —北京:机械工业出版社,2018.2(2023.9重印)

职业教育计算机类专业系列教材

ISBN 978-7-111-58468-1

Ⅰ.①影… Ⅱ.①原…②肖… Ⅲ.①视频编辑软件—职业教育—教材

Ⅳ.①TN94

中国版本图书馆CIP数据核字(2017)第278000号

机械工业出版社(北京市百万庄大街22号　邮政编码100037)

策划编辑:李绍坤　　　责任编辑:李绍坤
责任校对:马立婷　　　封面设计:鞠　杨
责任印制:邰　敏

北京富资园科技发展有限公司印刷

2023年9月第1版第14次印刷
184mm×260mm・16印张・385千字
标准书号:ISBN 978-7-111-58468-1
定价:39.80元

电话服务　　　　　　　　网络服务
客服电话:010-88361066　　机　工　官　网:www.cmpbook.com
　　　　　010-88379833　　机　工　官　博:weibo.com/cmp1952
　　　　　010-68326294　　金　书　　　网:www.golden-book.com
封底无防伪标均为盗版　　机工教育服务网:www.cmpedu.com

Premiere Pro CS6是由Adobe公司开发的影视编辑软件，它功能强大、简单易学、深受广大影视爱好者和影视后期从业人员的青睐，目前成为最流行的影视编辑软件之一。我国现在大部分职业院校的数字媒体专业和计算机相关专业都将Premiere作为一门重要的专业课程。

本书坚持以知识性和技能性为本位，以适应新技术、新工艺、新方法、新的教学模式为根本，突出"校企合作"的人才培养模式特征，以满足学生学习需求和社会实际需求为目标的指导思想，在编写中突出以下几点。

1）依据专业教学标准，设置知识结构，注重行业发展对课程内容的要求。

2）依据国家职业标准，立足岗位要求，按照双证书教材编写思想编写。

3）突出技能，案例跟进。强调实用性和技能性，通过动手完成一个一个的任务，强化操作训练，从而达到掌握知识与提高技能的目的，力争做到"做、学、教"的统一。

4）结构合理。紧密结合职业教育的特点，内容安排循序渐进，依次安排了知识准备、任务实施、技能实战、知识拓展、巩固与提高的内容环节，体现了"做中学，做中教"的教学理念。

5）案例丰富，趣味性、适用性强。本书的大部分案例来源于行业企业的真实工作项目，更能体现理论与实践相结合的特点，体现校企合作的要求，符合企业对人才的要求。

本书分8个项目，具体内容包括：项目1 素材管理，主要介绍视音频制作的基本知识，素材的导入与管理，音视频合成及导出方法；项目2 影视基本编辑，主要内容是素材的基本剪辑与关键帧动画的制作；项目3 视频转场特效应用，主要介绍视频转场特效及应用；项目4 字幕制作，主要介绍静态字幕、动态字幕的制作及特效在字幕中的应用；项目5 视频特效应用，主要介绍视频特效设置方法及常用特效的应用；项目6 调色，主要介绍视频调色方法；项目7 音频编辑，主要介绍音频编辑及特效应用；项目8 综合应用，主要介绍软件与实际应用结合，制作综合作品，全面掌握 Premiere Pro CS6的应用技能。读者通过对任务的学习，能够较完整地掌握该任务的知识点和技能要求。

本书由长期从事职业教育影视后期制作的一线教师和职业技能大赛辅导教师以及专业影视制作公司经验丰富的设计师共同编写而成，内容细致全面、重点突出，文字叙述言简意赅、通俗易懂，案例选择具有针对性和实用性。

本书由原旺周和肖彦臣担任主编，程远炳、崔瑞峰、顾谦倩任副主编。参加编写的还有刘建、索晓燕、刘晓磊、杨立、苏红玉和程利娟。全书由原旺周统稿，朱强主审。具体编写分工为：项目1（原旺周、程远炳）、项目2（肖彦臣、程利娟）、项目3（刘建、索晓燕）、项目4（索晓燕、刘建）、项目5（原旺周、顾谦倩）、项目6（刘晓磊、杨立）、项目7（崔瑞峰、苏红玉）、项目8（原旺周、刘晓磊）。

由于编者水平有限，书中难免存在疏漏和不妥之处，敬请各位专家、老师和广大读者提出宝贵意见，不胜感激。

编　者

目 录
CONTENTS

目 录

CONTENTS

项目8　综合应用

项目1 素材管理

学习目标

➤ 了解电视制式及视频相关知识。

➤ 了解线性编辑与非线性编辑的知识。

➤ 掌握Premiere Pro CS6软件的基本操作方法。

➤ 掌握利用Premiere Pro CS6软件进行素材导入与管理的基本方法。

➤ 掌握影片合成与视频格式导出的步骤、方法。

➤ 掌握项目管理的操作方法。

Premiere Pro CS6是Adobe公司推出的一款非线性视音频编辑软件,被广泛应用于电视、电影、广告制作。它具有强大、高效的视音频编辑功能,为高质量的视音频制作提供了完整的解决方案,受到了广大影视制作专业人员和影视爱好者的欢迎。

任务1 Premiere Pro CS6的启动与退出

➤ 知识准备

1. 电视制式与扫描方式

电视的制式有3种,即NTSC制、PAL制和SECAM制。

NTSC制是由美国国家电视标准委员会(National Television Standards Committee)制订的。这种制式解决了彩色电视和黑白电视广播相互兼容的问题,但是存在相位容易失真、色彩不太稳定的缺点。主要在美国、加拿大、日本、韩国、菲律宾、中国台湾等国家或地区使用。NTSC制式的帧速率为29.97帧/s(通常称为30帧/s),标准分辨率为720像素×480像素。

PAL(Phase Alteration Line,逐行倒相)制主要在中国大陆、德国、英国、澳大利亚、东南亚、非洲等大部分国家或地区使用,是目前使用最广泛的电视制式。PAL制式的帧速率为25帧/s,隔行扫描,奇场在前,偶场在后,场频为50场/s,画面比例为4:3,画面尺寸为720像素×576像素。

SECAM只是一种顺序传送彩色信号与存储恢复彩色信号的电视制式,主要在西亚、法国、东欧等国家或地区使用。SECAM制式的帧速率为25帧/s。

电视的扫描方式有"逐行扫描"和"隔行扫描"两种方式。在电视的标准显示模式中,i表示隔行扫描,p表示逐行扫描。

逐行扫描方式是指每一帧图像由电子束顺序地、一行接着一行地连续扫描而成。

隔行扫描方式是指每一帧被分隔为两场，每一场包含了一帧中所有的奇数扫描行或者偶数扫描行，先扫描奇数行得到第一场，然后扫描偶数行得到第二场。由于人的视觉暂留现象，人眼会看到平滑的运动而不是闪动的半帧图像。

2. 线性编辑与非线性编辑

线性编辑是指传统的视频编辑方式，它是在编辑机上进行的。传统线性视频编辑是按照信息记录顺序，从磁带中重放视频数据来进行编辑，需要较多的外部设备，每插入或删除一段视频就需要将该操作点以后的所有视频重新移动一次。它耗费时间长，易出现误操作。

非线性编辑是借助于计算机来进行数字化制作的，主要体现在编辑方式的非线性和素材存取的随机性。非线性编辑只是对编辑点和特技效果的记录，任意剪辑、修改、复制、调动画面的前后顺序，都不会引起画面质量的下降，而且操作很方便。Premiere Pro CS6就是一款非常优秀的非线性视音频编辑软件。

3. 帧与帧速率

影视动画中都是将一些差别较小的静态画面以一定的速率连续播放，由于人的视觉暂留现象，人眼会认为这些图像是连续不间断地运动的。构成运动效果的每一幅静态画面称为1"帧"，帧是构成动画的的最小单位。

在帧的尺寸上，帧宽度与帧高度之比通常有4:3和16:9两种。

帧速率（fps）也称"帧/s"，指每秒显示的静止帧格数。例如，Flash动画的帧速率为12帧/s；电影的帧速率为23.976帧/s（通常称为24帧/s）；PAL制式视频的帧速率为25帧/s；NTSC制式视频的帧速率为30帧/s。

4. 常用的视频格式

视频信号一般有模拟信号和数字信号。随着数字技术及设备的发展，数字视频促进了非线性编辑的蓬勃发展，非线性编辑的每个环节都与数字视频息息相关，掌握基本的数字视频格式，是对影视后期制作人员的基本要求。

视频文件格式可以分为影像文件格式和流式文件格式。

影像文件常见的格式是AVI和MPEG。

1）AVI格式：AVI（Audio Video Interleaved，音频视频交错）格式调用方便、图像质量好，压缩标准可任意选择，是应用最广泛、应用时间最长的格式之一，但占用存储空间大。

2）MPEG格式：常用于VCD的制作和供网络下载的视频制作上。

① MPEG—1：标准的压缩算法，用于VCD制作。属于这种视频标准的文件扩展名包括：.mpeg、.m1v、.mpe、.mpg、.dat等。

② MPEG—2：标准的压缩算法，用于DVD制作。属于这种视频标准的文件扩展名包括：.mpeg、.m2v、.mpg、.vob等。

③ MPEG—4：一种新的压缩算法，扩展名为.mp4，生成的文件较小，网络在线播放的视频文件多用此种算法进行压缩。

3）MOV格式：MOV格式是QuickTime格式的视频文件格式。具有较高的压缩比率和较完美的视频清晰度。

流式视频文件采用"边传边播放"的方法，先从服务器上下载一部分视频文件，形成视频缓冲区后进行播放，然后继续下载，继续播放。

流式视频文件常用的有：

1）FLV格式：FLV是FLASH VIDEO的简称，FLV流媒体格式是一种新的视频格式。由于它形成的文件极小、加载速度极快，使得网络观看视频文件成为可能。

2）F4V格式：作为一种更小更清晰，更利于在网络传播的格式，F4V格式已经逐渐取代了传统FLV，也已经被大多数主流播放器兼容播放。F4V格式是Adobe公司为了迎接高清时代继FLV格式后推出的支持H.264的流媒体格式。它和FLV格式的主要的区别在于，FLV格式采用的是H.263编码，而F4V格式则支持H.264编码的高清晰视频，码率最高可达50Mbit/s。另外，很多主流媒体网站上下载的F4V文件后缀却为FLV，这是F4V格式的另一个特点，属正常现象，观看时可明显感觉到这种实为F4V的FLV清晰度和流畅度更高。

F4V格式是一种MPEG—4标准的视频格式，它的视频采用H.264编码,音频采用mp3编码。

3）RMVB格式：RMVB的前身为RM格式，它们是Real Networks公司所制定的音频视频压缩规范，根据不同的网络传输速率，而制定出不同的压缩比率，从而实现在低速率的网络上进行影像数据实时传送和播放，具有体积小、画质比较好的优点。

4）ASF格式：ASF（Advanced Streaming Format，高级流格式）是Microsoft为了和Real Player竞争而发展出来的一种可以直接在网上观看视频节目的文件压缩格式。ASF使用了MPEG—4的压缩算法，压缩率和图像的质量都比较好。

5）WMV格式：它是一种独立于编码方式的在Internet上实时传播多媒体的技术标准，WMV的主要优点在于可扩充的媒体类型、本地或网络回放、可伸缩的媒体类型、流的优先级化、多语言支持、扩展性等。

5. 高清晰度电视

数字电视分为高清晰度电视（HDTV）、增强清晰度电视（EDTV）和标清晰度电视（SDTV）3大类。其中高清晰度电视必须达到的技术指标为，至少720线逐行扫描或1080线隔行扫描，屏幕宽高比应为16:9，采用杜比数字音响，能将高清晰格式转换为其他格式，能接受并显示较低格式的信号。

目前常见的高清格式有3种：

1）720p/29.97，画面尺寸为1280×720，帧速率为：29.97帧/s，逐行扫描。

2）1080i/50，画面尺寸为1920×1080，帧速率为：25帧/s，50场，隔行扫描。

3）1080p/25，画面尺寸为1920×1080，帧速率为：25帧/s，逐行扫描。

相关监管部门于2000年8月制定的高清晰度电视节目制作及交换使用的视频参数标准，将1080i/50确定为中国的高清晰度电视信号源画面标准。

6. Premiere Pro CS6视频编辑软件运行的环境

1）操作系统：Microsoft® Windows® 7 Service Pack 1以上。

2）内存：4GB（建议8GB）。

3）处理器：Intel® Core™2 Duo或者AMD Phenom® II处理器；64位。

4）硬盘：工作区不少于10GB，7200r/min以上。

5）显卡：1280×900以上分辨率，OpenGL 2.0兼容图形卡。

6）DVD-ROM刻录机、QuickTime软件。

7. 项目与序列

Premiere Pro CS6软件创建的工程称为"项目"，一个项目中可以包含一个序列或多个序列。通俗地讲，一个项目相当于一部电视剧，一个序列相当于一部电视剧中的一集电视剧。序列包含于项目中。项目文件的扩展名为".prproj"。

创建序列时，通常情况下要按照项目要求的画面大小、帧速率、像素纵横比来建立序列。再一个就是要按照视频的分辨率来建立序列。即在没有具体要求的情况下，以所用的视频素材的分辨率、帧速率为标准，来创建序列。

1）视频素材的分辨率是多大的，就建多大画面的序列，如果所建的序列画面比较大，则影响输出视频的清晰度；如果所建的序列画面小，则浪费视频素材的清晰度。

2）选用帧速率，一定要与视频素材一致，否则会在输出视频时引起帧抖动。

3）选择的音频采样速率一定要与视频素材一致，否则可能会在编辑时引起视频与音频的不同步。

以上参数，在预设中如果没有所需要的设置，就需要手动设置。

≫ 任务实施

技能实战1 海豚表演——Premiere Pro CS6软件的启动与退出

技能实战描述：本技能阐述Premiere Pro CS6软件的启动与退出方法，通过导入"海豚表演"的视频素材来说明项目、序列的建立及项目保存的操作方法。

技能知识要点：双击Premiere Pro CS6软件的快捷方式启动软件；新建项目与序列；执行"文件"→"导入"命令导入素材；单击节目窗口中的"播放"按钮▶️，预览效果；执行"文件"→"存储/存储为/存储副本"命令保存项目文件。

技能实战步骤：

1）双击桌面上Premiere Pro CS6软件的快捷图标；或者单击"开始"按钮，在"开始菜单"中执行"Adobe Premiere Pro CS6"命令，就可以启动Premiere Pro CS6软件，如图1-1所示。

图1-1 启动Premiere Pro CS6软件

2）启动后，出现如图1-2所示的欢迎对话框，在对话框中，有5个功能按钮，分别是"新建项目""打开项目""帮助""最近使用项目"和"退出"。

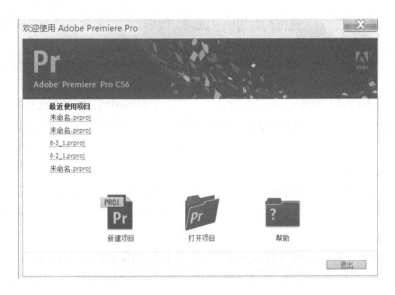

图1-2　Premiere Pro CS6的欢迎对话框

① 新建项目：创建一个新的项目。

② 打开项目：打开一个在计算机中已有的项目，可以继续编辑。

③ 帮助：打开软件的帮助文档。

④ 最近使用项目：显示最近使用过的项目文件，单击"最近使用项目"显示的某个项目文件，可打开该项目进行继续编辑。

⑤ 退出：单击该按钮，可退出Premiere Pro CS6软件。

3）单击"新建项目"按钮，出现如图1-3所示的"新建项目"对话框。"新建项目"对话框中有"常规"和"暂存盘"两个选项卡。

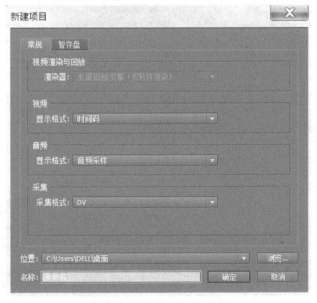

图1-3　"新建项目"对话框

启动后，默认为"常规"选项卡，"常规"选项卡为项目的一般属性设置，一般取默认值。

"位置"：单击"位置"选择框右边的"浏览"按钮，可以设置项目的存储位置。

"名称"：在"名称"文本框中可输入项目的存盘文件名称。

4）单击"确定"按钮，弹出"新建序列"对话框，如图1-4所示。"新建序列"对话框中有3个选项卡"序列预设""设置"和"轨道"，默认选择"序列预设"选项。

5）在"序列预设"选项卡的"有效预设"下，在列表中选择已预置好的项目属性，用户可以根据具体情况选择"有效预设"下合适的选项，一般选择"DV-PAL/标准48kHz"模式。

选中某一选项后，在"新建序列"对话框的右侧栏目中会显示对所选择模式的属性描述，如选择"DV-PAL/标准48kHz"模式后，右侧显示"用于编辑IEEE 1394（FireWire/I.LINK）DV设备""标准PAL 视频""48kHz（16位）音频""画面大小：720h 576v（1.0940）""帧速率：25.00帧/s"等内容。

在"序列预设"选项卡的"有效预设"下，要根据摄像机的种类选择采用视频的制式，如NTSC、PAL等。目前在美国、加拿大生产的摄像机大多数使用的是NTSC制，欧洲和亚洲使用的是PAL制，根据我国的情况，一般选择"DV-PAL/标准48kHz"模式。

根据原始录像素材，确定使用标准格式（4:3）还是使用宽屏幕（16:9）格式。

图1-4　"新建序列"对话框

6）在图1-4中，在"序列名称"文本框中输入序列的名称，单击"确定"按钮，就进入

Premiere Pro CS6的工作界面，如图1-5所示。

图1-5 Premiere Pro CS6的工作界面

7）执行"文件"→"导入"命令，在"导入"对话框中选择"项目1 素材管理/任务1素材/技能实战素材"中的5个视频文件和1个音频文件。

在出现的"导入"对话框中，可采用连续选定多个文件的方法：单击第1个文件，然后按住<Shift>键，再单击第6个文件，这样就选择了6个素材文件，如图1-6所示。

图1-6 "导入"素材对话框

8）在图1-6中，单击"打开"按钮，则这6个素材文件就导入到了项目窗口中，如图1-7

所示。在项目窗口中会看到导入的素材文件及序列名称。

图1-7　项目窗口中的素材

9）视频素材添加到时间轨窗口中，把"海豚表演01.mov"～"海豚表演05.mov"分别拖入"视频1"轨上；把背景音乐素材"Alison Krauss - When You Say Nothing At All.mp3"拖到"音频1"轨上，如图1-8所示。

10）单击节目窗口中的"播放"按钮 ，预览效果。

图1-8　素材拖入时间线后的工作界面

11）执行"文件"→"存储/存储为/存储副本"命令保存项目文件。

12）如果想退出Premiere Pro CS6，则可单击工作界面右上角的关闭程序按钮。

技能实战2　认识Premiere Pro CS6软件的工作界面与各功能窗口

技能实战描述：初识Premiere Pro CS6软件的工作界面与各功能窗口的作用。

技能知识要点：认识常用的编辑窗口界面。

技能实战步骤：

Premiere Pro CS6软件的工作界面的风格与其他软件的界面风格基本相同，各个功能窗口都是活动面板，可以调整其位置。Premiere Pro CS6软件编辑时主要显示的几个面板有"项目"窗口、"源监视器"窗口、"节目监视器"窗口、"时间线"窗口、"工具"窗口、"特效控制台"窗口和"效果"窗口等，如图1-9所示。

1）"项目"窗口，如图1-10所示。

"项目"窗口是素材和节目资源的管理器，主要用于导入、组织和存放供"时间线"窗口编辑合成的原始素材。导入的素材首先进入到"项目"窗口中，在"项目"窗口中可以进行预览每个素材的详细信息，对素材整理和分类。

① 素材预览，如图1-10所示。单击"项目"窗口中的某个素材，在窗口的上部会显示素材的画面大小及帧速率、素材时长等，单击"海豚表演02.mov"，则显示720×576（1.0940）、25.00P（25帧/s）、05:01（1帧长为5s），单击左上角的素材预览播放按钮，可以预览素材。

② 列表视图和图标视图位于窗口的左下角，单击列表视图按钮，则"项目"窗口中的素材按列表显示，如图1-10所示。单击图标视图按钮，则按图标方式显示素材，如图1-11所示。

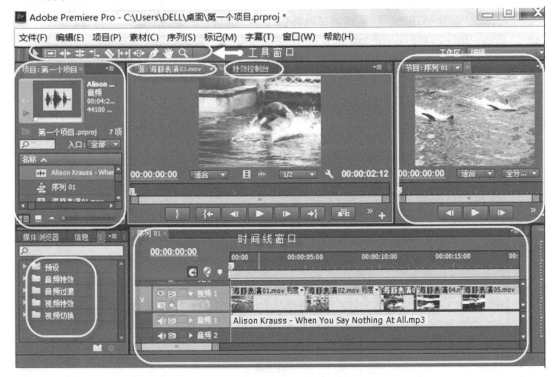

图1-9　Premiere Pro CS6软件工作区界面

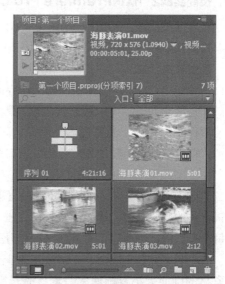

图1-10 项目窗口　　　　　　图1-11 "项目窗口"图标方式

③ 自动匹配序列按钮：选定项目窗口中的多个素材文件，再单击"自动匹配序列"按钮，则这些素材以默认的排列顺序和默认的转场效果，自动放置到时间线窗口的轨道中。

④ 单击"新建文件夹"按钮按钮，可以在项目窗口中新建一个文件夹。例如，新建一个存放视频的文件夹、新建一个存放图片的文件夹或存放音频的文件夹，进行分类管理素材。

⑤ 单击"新建分项"按钮按钮可以新建一个"序列"、新建一个"字幕"、新建"黑场"、新建"通用倒计时片头"等。

⑥ 单击清除按钮选定项目窗口中的某个素材，再单击该按钮，则可以从项目窗口中删除选定的素材。

2）"时间线"窗口，如图1-12所示。

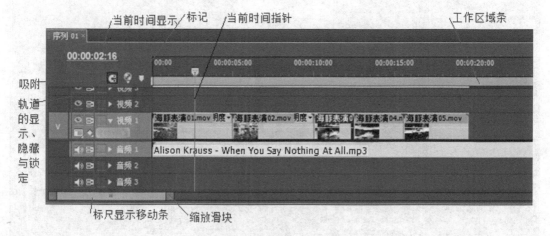

图1-12 "时间线"窗口

时间线窗口是Premiere Pro CS6进行节目编辑的主要窗口，结合其他工具和窗口，对素材进行编辑，完成添加效果、标记、设置入出点、编辑运动路径等操作。

① 当前时间显示 00:00:02:16：位于时间线窗口左上角的当前时间显示的数字就是播放器指针所在的当前时间位置，时间码的格式是"时：分：秒：帧"，例如，时间码为"00:00:02:16"，表示当前指针为2s16帧的位置。单击"当前时间显示"按钮，然后输入具体的时间码来指定当前指针的位置，便于确定所要编辑的位置。单击选定"当前时间显示"码，然后输入"0.0"，则可以使指针回到开始处，即0s处。

② 当前时间指针：拖动指针，可以确定要编辑的位置。

③ "吸附"按钮 C：："吸附"就好比一个磁铁，当按下"吸附"按钮时，从项目窗口中把素材拖入到时间线轨道中，则素材正好移到当前指针处，否则，不能准确地移动到当前指针处；当视轨中右边的素材向左移动时，则要移动的素材能紧紧地挨着左边的素材，之间不留空隙，当未按下"吸附"按钮时，移动素材时，可能素材之间会留有空隙或者覆盖左边的素材。

④ "设置Encore 章节标记"按钮 ：用于设定Encore主菜单标记。

⑤ "标记"按钮 ：单击"标记"按钮，可以在当前指针处设置标记。

⑥ 缩放滑块 ：位于"标尺显示移动条"的右端，拖动时间线下端的"缩放滑块"，可以缩放时间线轨道中的素材显示大小，便于编辑。

⑦ 标尺显示移动条：拖动时间线下端的"标尺显示移动条"，可以看到当前屏幕中显示不出来的时间线轨道中的素材内容。向右拖动，可看到轨道中右侧的素材内容。

⑧ "切换轨道输出"按钮：单击 按钮，设置是否在节目窗口中显示该影片；激活 按钮，可以播放声音，反之则是静音。

⑨ "轨道锁定开关"按钮 ：它是一个按钮开关，当按钮变成 时，锁定轨道中的素材，处于不能编辑状态，以防误操作；当变成 时，可以编辑该轨道中的素材。

⑩ "节目标签"也称"序列标签" 序列 01 ：该标签位于时间线窗口的左上角，当建立有多个序列时，单击相应的序列标签，可以在不同的序列间切换。

另外，还有"工作区域条"，就是时间线上的那个粗长灰色条 ，工作区域条长，则表示轨道中的内容所占时间长，随着轨道中添加的素材越多，则工作区域条越长。

3）"源素材监视器"窗口，如图1-13所示。"源素材监视器"窗口可以对选定的素材进行播放预览、定义入、出点，对源素材进行简单编辑。

双击"项目"窗口中的某素材或双击时间线轨道中的某素材片段，就会在"源素材监视器"窗口中显示。

① 当前指针位置：显示源素材窗口中的当前指针位置。

② 定义入点：将指针移动到要作为选定的开始点，如"00:00:00:24"处，单击"定义入点"按钮 ，就定义了有效素材的入点。

③ 定义出点：将指针移动到要作为选定的结束点，如"00:00:03:15"，单击"定义出点"按钮 ，就定义了有效素材的出点。当定义入点和出点后，入点和出点之间的内容就作为有效素材被选定了。

④ 跳转到入点：当定义过入点后，需要指针返回到入点时，单击该按钮 即可。

⑤ 跳转到出点：当定义过出点后，需要指针返回到出点时，单击该按钮 即可。

⑥ 前一帧：单击该按钮可以显示前一帧内容，用于编辑时的微调。

⑦ 下一帧：单击该按钮可以显示下一帧内容，用于编辑时的微调。

⑧ 播放：单击该按钮可以播放预览素材内容。

⑨ 插入：当定义过入点和出点后，单击"插入"按钮 ，选定的素材就插入到时间线轨道中指针的当前位置，原时间线轨道中的素材自然后移。

⑩ 覆盖：当定义过入点和出点后，单击"覆盖"按钮 ，选定的素材就插入到时间线轨道中指针的当前位置并且覆盖原位置的内容。

图1-13 "源素材监视器"窗口

"仅拖入视频"：当定义过入出点或未定义入出点，拖动该按钮 到时间线视频轨道的某个位置，则仅把"源素材"窗口中选定的素材视频内容（不包括音频）添加到时间线视频轨道上的某个位置。

"仅拖入音频"：当定义过入出点或未定义入出点，拖动该按钮 到时间线音频轨道的某个位置，则仅把"源素材"窗口中选定的素材音频内容（不包括视频）添加到时间线轨道上的某个位置。

4）"节目监视器"窗口，如图1-14所示。"节目监视器"的作用是显示当前的序列。

图1-14 "节目监视器"窗口

①"提升"按钮▣▣：当在时间线上的素材设置入点和出点后，单击"提升"按钮▣▣，则时间线轨道中选定的素材被删除，该位置留有空隙，仍保持原素材占有的时长，右边的素材不移动。

②"提取"按钮▣▣：当在时间线上的素材设置入点和出点后，单击"提取"按钮▣▣，则时间线轨道中选定的素材内容被删除，右边的素材自然左移，不留空隙。

③"导出单帧"按钮▣：可导出一帧的画面。

④ 其他按钮：与"源素材监视器"窗口中的按钮作用相同。

5）"工具"窗口：如图1-15所示，提供一些常用的编辑工具。

图1-15 "工具"窗口

① 选择工具：用于对素材的选择、移动，调节素材的关键帧。

② 剃刀工具：用于分割素材，选择"剃刀"工具后，单击素材，就在当前指针处把素材切割成两部分。

③ 轨道选择工具：可以选择一条轨道上的所有素材。

④ 波纹编辑工具：可以拖动素材的出点以改变素材的长度，而相邻素材的长度不变。

⑤ 滚动编辑工具：该工具可以在素材边缘拖动，可以改变该素材的长度。新添加的素材帧数将覆盖后面素材的内容，视频文件的总长度保持不变。

⑥ 速率伸展工具：可以调整素材的播放速度，改变素材的显示长度。

⑦ 错落工具：用于改变一段素材的入点和出点，并保持其长度不变，不影响相邻的其他素材。

⑧ 滑动工具：可保持要剪辑的素材的入点和出点位置不变，通过相邻素材的入点和出点的变化，改变其在时间线窗口中的位置，视频文件的总长度保持不变。

⑨ 钢笔工具：可以设置素材的关键帧。

⑩ 手形工具：用于改变时间线窗口的可视区域。

缩放工具：用于调整时间线窗口显示的单位比例。与<Alt>键配合使用，可以在放大和缩小模式之间转换。

6）"特效控制台"窗口，如图1-16所示。单击选定时间线轨道上的某素材，再单击"特效控制台"选项卡，就出现针对该素材的"特效控制台"窗口，在该窗口内可对参数进行调整与设置，包括运动、透明度、视频特效、视频切换特效、音频特效、音频切换特效。根据素材的不同特效控制台显示的内容也不同。

7）"效果"窗口，如图1-17所示。效果窗口包括"预设""音频特效""音频过渡""视频特效"和"视频切换"。利用"效果"窗口可以对时间线轨道上的素材添加特效和切换效果。

图1-16 "特效控制台"窗口

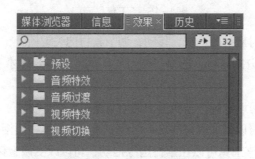

图1-17 "效果"窗口

▶▶ 知识拓展

1）如果在新建序列时对"序列预设"的参数不满意，则可以利用"新建序列"对话框中的"设置"和"轨道"两个选项卡，按要求进行参数修改。例如，需要编辑的画面大小为800×600，而"序列预设"中没有这样的选项，那就需要"设置"了。

①"设置"选项卡："设置"选项卡内分为"编辑模式""视频""音频""视频预览"，如图1-18所示。

a）"编辑模式"选择框中选择"自定义"模式。"自定义"模式可以设置所编辑视频画面的大小。"时基"下拉列表中可以选择需要的帧速率，一般选择25帧/s。

b）视频。

● "画面大小"：在文本框中可以输入水平和垂直的尺寸大小。一般要与素材的视频尺寸相匹配，如果特意指定大小，那就在文本框中输入相应的数据。

● "像素纵横比"下拉列表中，可以选择需要的参数。

● "场"下拉列表：可选择"上场优先""下场优先"或"无场（逐行扫描）"。

● "显示格式"下拉列表：确定项目的时间显示方式。

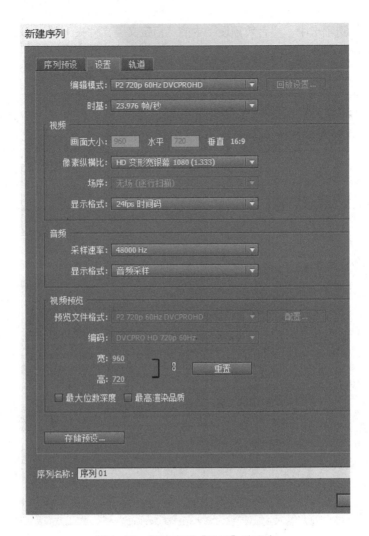

图1-18　新建序列"设置"选项卡

c）音频。

● "采样率"：采样频率越高，音质越好，但存储的文件越大。

● "显示格式"：确定音频素材采样的方式以"音频采样"还是以"ms"为单位显示。

d）视频预览。

预览文件格式，可以选择一种预览的格式。

②"轨道"选项卡：如图1-19所示。

a）视频：默认的时间线上视频轨道数为"3"，可以在这里修改数据，在时间线窗口中就显示相应的视频轨道数。

b）音频：在"主音轨"中可以选择"立体声""多声道""单声道"、"5.1"。

设置完成后，如果直接单击"确定"按钮，则设置的参数仅这次编辑的序列有效。如果需要经常使用，则要把它保存成"序列预设"中的选项。

在图1-19中，单击"存储预设"按钮，弹出"存储设置"对话框，如图1-20所示。

在图1-20中，输入"名称"和"描述"内容，单击"确定"按钮，在"新建序列"对话框的"序列预设"选项卡中，"有效预设"中的"自定义"文件夹下就添加了新的预置模式，如图1-21所示。

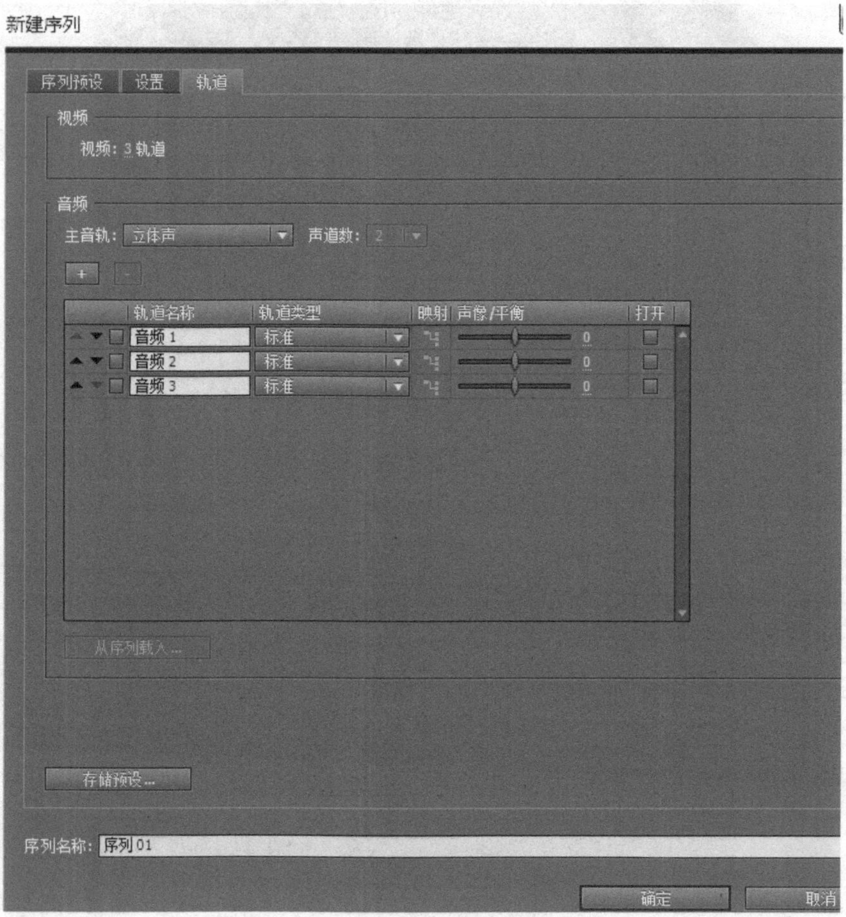

图1-19　新建序列"轨道"选项

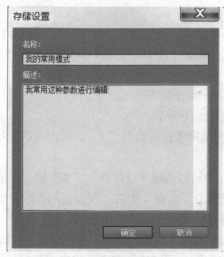

图1-20　"存储设置"对话框

图1-21　添加的自定义模式

2）在启动Premiere Pro CS6后，工作界面中找不到所要使用的窗口了，或者在编辑过程中不小心关闭了某个工作窗口，可以单击"窗口"菜单下相应的命令来打开需要的窗口。但对于时间线窗口，执行"窗口"→"时间线"命令，此时的时间线窗口中没有轨道，可以双击项目窗口中的某个序列就可以了。

如果在编辑时不小心将正在编辑的序列删除了，则此时的时间线窗口也会关闭，可以通过快捷键<Ctrl+Z>撤销刚才的删除操作。也可以通过新建"序列"的方法，创建新的时间线。

3）在启动Premiere Pro CS6后，如果发现各个功能窗口与默认的界面不一样了，想恢复成默认的工作界面，可以执行"窗口"→"工作区"→"重置当前工作区"命令。如果想改变某个窗口的位置，因为各个功能窗口都是浮动的，则可以直接拖动某窗口的左上角，拖放到希望的位置。

≫ 巩固与提高

实战延伸　制作"滑雪"视频

效果描述：根据给定的5个"滑雪"视频素材和"滑雪"背景音乐，制作"滑雪"视频项目。视频效果截图如图1-22所示。滑雪项目的时间线窗口如图1-23所示。

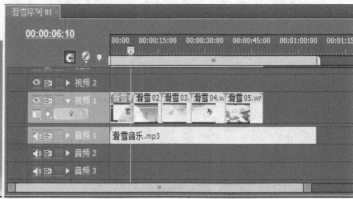

图1-22 滑雪视频效果截图　　　　　　　　图1-23 滑雪项目的时间线窗口

素材位置："项目1 素材管理/任务1素材/实战延伸素材"。

项目位置："项目1/任务1项目文件/滑雪"。

实战操作知识点：

1）导入素材。

2）视频素材的分类管理，建立"视频"文件夹和"音频"文件夹。

3）视频素材自动匹配序列。

4）音频素材加载。

5）音频素材裁剪。

6）保存项目。

任务2　素材导入与管理

≫ 知识准备

1. 素材准备

使用Premiere Pro CS6进行建立项目前，首先要对素材进行搜集、加工处理、分类管理。而素材加工及获得一般要动用别的软件或器材，比如用3dMax制作三维动画片段、用Photoshop处理图像、用摄像机及视频捕捉卡得到实景的视频文件。视频、音频素材可以录制也可以从网上下载或从其他存储介质中搜集所需要的素材。

用数字摄像机拍摄的数字视频素材，可通过配有IEEE 1394接口的视频采集卡直接采集到计算机中。

在使用摄像机拍摄时：①要顺光拍摄，顺光拍摄的人物更清晰，逆光拍摄的容易使人物面部太暗或不清晰。②站立拍摄时，身体站直，双腿自然分立，身体重心平衡稳定，避免身体前倾或后仰。③如果需要变焦，在变焦前先定镜5s（固定在某一位置的镜头），如果在没有需要的情况下随便移动摄像机，会产生镜头震动。④拍摄第一个镜头时尽量使用广角方式，这样的画面较稳定，不会因变焦出现模糊的现象，更容易了解画面中的整体，然后再拍摄主体，这样会更突出主体。⑤固定拍摄时应该注意捕获动态因素，有意识地利用微风中摇曳的花朵、小河中的水鸭或背景中来往走动的人物，做到整体为静、局部为动，动静结合。⑥景别一般分为5种，由近及远分别为特写（人体肩部以上）、近景（人体胸部以上）、中景（人体膝部以上）、全景（人体的全部和周围环境）、远景（所拍物体环境），要交替使用不同的景别。⑦运动拍摄的基本要领是"平衡""稳定""匀速""准确"。⑧每个镜头勿拍太长或太短，5～10s比较合适。⑨避免镜头直接对着阳光以免损伤CCD板。

2. 素材导入

进行编辑之前，首先要把素材导入到"项目"窗口中。

导入素材的方法：

1）执行"文件"→"导入"命令，打开"导入"对话框，在"导入"对话框中选择素材。

2）在"项目"窗口中的空白区域双击，打开"导入"对话框，在"导入"对话框中选择素材。

3）在"项目"窗口中的空白区域单击鼠标右键，在弹出的快捷菜单中，选择"导入"命令，打开"导入"对话框，在"导入"对话框中选择素材。

4）在"媒体浏览器"窗口中，找到所需的素材，直接拖入到项目窗口中。

5）使用快捷键<Ctrl+I>，打开"导入"对话框，在"导入"对话框中选择素材。

注意

1）导入素材时，要选定Premiere Pro CS6所能支持的图片、视频、音频格式，如果不能导入，就要考虑是否支持该素材格式或者对该素材格式进行格式转换，然后再进行导入。

2）在导入多个素材时，要结合<Ctrl>和<Shift>键来选择。

3. 素材管理

1）素材的删除：在"项目"窗口中单击选定素材，单击鼠标右键，在弹出的快捷菜单中，选择"清除"；或者拖动素材到项目窗口右下角的"删除"按钮 上。

2）素材的重命名：在"项目"窗口中右击素材，在快捷菜单中，执行"重命名"命令。

3）素材的分类：在"项目"窗口的空白处单击鼠标右键，执行"新建文件夹"命令，修改文件夹名称，如文件夹名称为"图片""视频""音频"，然后把导入的素材分别拖入相应的文件夹中，对素材进行分类。

4）修改素材的显示方式：在"项目"窗口中，单击左下角的"图标视图"按钮 ，就变为以图标的形式显示素材文件，默认状态下是"列表视图"显示方式。

5）建立序列：在"项目"窗口的空白处右击，在快捷菜单中执行"新建分项"→"序列"命令，打开"新建序列"对话框，在"新建序列"对话框中选择序列的参数以及序列名称等。

▶▶ 任务实施

技能实战1 德天跨国大瀑布——视音频素材导入

技能实战描述：导入与"德天跨国大瀑布"有关的视频素材、音频素材、图片素材，添加相应的转场效果，制作"德天跨国大瀑布"视频，保存项目文件。

技能知识要点：利用在"项目"窗口中双击的方法导入素材，使用<Shift>键连续选定多个要导入的文件；在项目窗口中单击"新建文件夹"按钮创建文件夹来管理素材；右键单击时间线窗口中的素材，在快捷菜单中执行"缩放为当前画面大小"命令缩放节目窗口中的画面比例；使用"划像"切换特效命令制作视频之间的转场效果；利用"工具箱"中的"剃刀"工具进行素材的裁剪。

技能实战步骤：

（1）新建项目文件

1）启动Premiere Pro CS6软件，单击"新建项目"按钮，打开"新建项目"对话框。在对话框中，单击"浏览"按钮，选择存储项目的位置为"E:\Premiere Pro CS6项目教程/项目1"，在文本框中输入项目的名称"德天跨国大瀑布"，单击"确定"按钮，如图1-24所示。

2）单击"确定"按钮后，出现"新建序列"对话框，如图1-25所示。选择"DV-PAL"项下的"标准48kHz"项，因为我国大陆的电视制式为PAL制。在新建的序列文本框中取默认值"序列01"或者输入新的名称，这里命名为"德天跨国大瀑布序列01"，单击"确定"按钮，完成项目和序列的创建，进入Premiere Pro CS6软件的工作界面。

图1-24 "新建项目"对话框

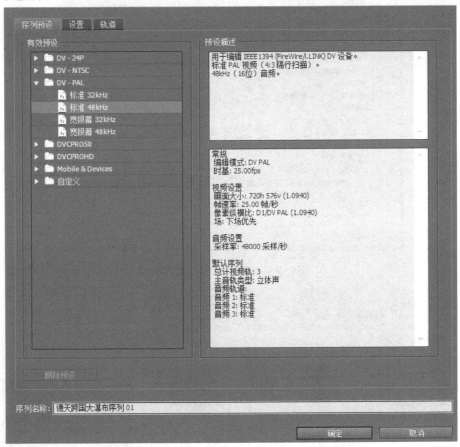

图1-25 "新建序列"对话框

（2）导入素材

准备的素材有视频文件、音频文件、图片文件，并且已经进行了分类，可以直接把保存有视频的文件夹、音频文件夹等直接导入。

如果在准备素材时没有事先对素材进行分类，可以把素材导入项目窗口后，在项目窗口中右击，在出现的快捷菜单中，执行"新建文件夹"命令，然后把素材再拖到文件夹中或者在"项目"窗口中新建一个文件夹，然后打开该文件夹，然后在该文件夹中双击，打开"导入"对话框，这样导入的素材就到了该文件夹中。

1）在"项目"窗口中双击，弹出"导入"对话框，选择"视频"，再单击"导入文件夹"按钮，如图1-26所示，就把"视频"文件夹导入到"项目"窗口中了。

同样方法，把"音频"文件夹导入到"项目"窗口中。

2）导入图片素材：在"项目"窗口中双击，弹出"导入"对话框，单击选定"瀑布1.jpg"，按住<Shift>键，单击"瀑布5.jpg"，然后单击"打开"按钮，如图1-27所示。为了管理素材，在"项目"窗口中新建"图片"文件夹，然后把"瀑布1.jpg"～"瀑布5.jpg"拖入到"图片"文件夹中。

3）素材导入完成后，"项目"窗口中的素材如图1-28所示。

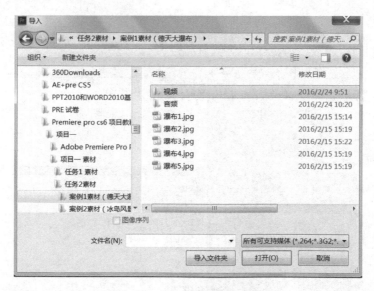

图1-26　导入"视频"文件夹

图1-27　导入图片文件

图1-28　导入完成后项目窗口

（3）编辑制作"德天跨国大瀑布"视频

1）图片素材入轨：双击打开项目窗口中的"图片"文件夹，根据编辑要求，把图片分别拖到"视频1"轨道中。

2）视频素材入轨：把当前时间指针移到"瀑布5"图片的最右边，双击打开项目窗口中的"视频"文件夹，把视频素材"广西德天跨国大瀑布1.mp4"拖到"视频1"轨道中图片素材的后面。如果在加载视频素材后，看不到素材在轨道上的结尾（出点）处，则可拖动时间线下端的"标尺显示移动条"或"缩放滑块"，然后再移动当前指针，进行当前指针定位，然后拖入下一个视频素材，直到把需要的素材都加载到轨道中。

3）音频素材入轨：双击打开项目窗口中的"音频"文件夹，把音频文件"山歌好比春江水.mp3"拖入"音频2"轨道中。

4）在"节目"窗口中，单击"播放"按钮，进行预览。

通过播放预览，图片素材比较大，都能撑满整个节目窗口，而视频素材画面都比较小，如图1-29所示。

图1-29 时间线轨道上素材"缩放"前

右击时间线上的每个视频素材，在快捷菜单中，执行"缩放为当前画面大小"命令，如图1-30所示，就可以使视频素材撑满节目窗口，如图1-31所示。依次把所有视频素材进行画面缩放操作。

5）添加转场效果：单击时间线窗口左上角的"当前指针显示"数字，输入"0.0"，使当前指针快速定位到0s处。

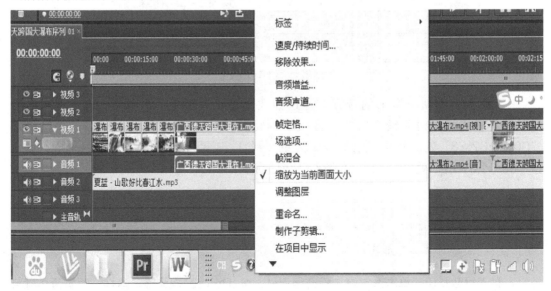

图1-30 快捷菜单

图1-31 快时间线轨道上素材"缩放"后

将时间指针拖到图片"瀑布1"与"瀑布2"之间，单击"效果"窗口中的"视频切换"，将"划像交叉"特效拖到当前指针处，如图1-32所示。依次在所有素材之间添加相应的转场效果。

图1-32 添加转场特效

6）截断音频轨上多余的音频：通过播放预览，希望把"音频2"轨上多余的素材截掉。单击选定时间线窗口的"音频2"轨道作为当前选定轨道，将当前指针移到"00:04:07:23"处，单击"工具"窗口中的"剃刀"工具，此时鼠标变成刀片的形状，在"00:04:07:23"处单击，把"音频2"轨道上素材截断。

注意

> 当不再使用"剃刀"工具时，要单击一下"工具"窗口中的"选择工具"按钮，否则，鼠标永远是"剃刀"形状。

音频素材截断后，单击选定第二段音频素材，按<Delete>键删除，这样，背景音乐就与视频轨上的素材时长对齐了，不至于出现视频画面结束了，背景音乐还在播放的情况。

（4）保存项目文件

执行"文件"→"存储为"命令，在弹出的对话框中，选择保存的位置和文件名。

技能实战2　冰岛风景——图片序列及PSD格式文件素材导入

技能实战描述：导入与"冰岛风景"有关的图片序列文件、psd格式图片文件及jpg图片文件、音频素材，添加相应的转场效果，保存项目文件。

技能知识要点：导入tga格式图像序列素材文件；导入psd格式分层图片素材文件；添加"3D"转场特效。

技能实战步骤：

（1）新建项目文件

1）启动Premiere Pro CS6软件，单击"新建项目"按钮，打开"新建项目"对话框。在对话框中，单击"浏览"按钮，选择存储项目的位置为"E:\Premiere Pro CS6项目教程\项目1"，在名称框中输入项目的名称"冰岛风景"，单击"确定"按钮。

2）单击"确定"按钮后，出现"新建序列"对话框，选择"DV-PAL"项下的"标准48kHz"项。在新建的序列名称框中取默认值"序列01"或者输入新的名称，本案例序列名为"冰岛风景"，单击"确定"按钮，完成项目和序列的创建，进入Premiere Pro CS6软件的工作界面。

（2）导入素材

准备的素材有图像序列文件、psd格式图片文件及jpg图片文件、音频文件。

1）导入图像序列文件：在项目窗口中双击，打开"导入"对话框，双击打开"冰岛tga序列图像"文件夹，单击选定文件夹中的第1个文件，再单击选定"图像序列"复选框 ✓图像序列，然后单击"打开"按钮，如图1-33所示。导入到项目窗口中的图像序列就变成了一个视频文件。

图1-33　导入图像序列文件

2）导入psd格式图片文件：在项目窗口中双击，打开"导入"对话框，在对话框中选择"画轴.pdf"，弹出"导入分层文件：画轴"对话框，在"导入为"选择框中，选择"合并所有图层"，如图1-34所示，单击"确定"按钮。

3）导入jpg图片文件：在项目窗口中双击，打开"导入"对话框，选择存储图片素材的文件夹，单击选定"冰岛01.jpg"，按住<Shift>键，同时单击"冰岛05.jpg"，此时这5张图片都被选定，单击"打开"按钮，图片导入到项目窗口中，在项目窗口中新建一个"图片"文件夹，把刚导入的5张图片拖到"图片"文件夹中。此时，项目窗口中的素材如图1-35所示。

图1-34　导入Psd格式文件

图1-35　项目窗口中的素材

4）导入音频文件：在项目窗口中双击，打开"导入"对话框，选择存储音频素材的文件夹，单击选定"秋日的私语.mp3"，单击"打开"按钮。

（3）素材入轨

1）把"画轴.psd格式"素材拖入时间线的"视轨1"上。

2）把"冰岛00000.tga"视频素材拖入"视频2"中。此时，"视频1"轨中的素材比"视频2"轨中的素材短，把鼠标放到"视频1"轨中的素材右端（出点），此时鼠标变为 形状，如图1-36所示，向右拖动鼠标与"视频2"素材对齐。

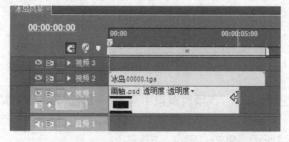

图1-36　拖动"视频1"轨上素材的出点

3）当前指针移到"00:00:06:00"处，把"冰岛01.jpg"～"冰岛05.jpg"分别拖到"视频1"轨中。

4）添加转场特效：单击展开"效果"→"视频切换"→"3D运动"，在"视频1"轨上的每两个素材之间分别添加"向上折叠""摆出""旋转离开""摆入"转场特效，在后两个素材之间添加"效果"→"视频切换"→"划像"→"划像交叉"转场特效。

5）单击时间线窗口左上角的"当前指针显示"数字，输入"0.0"，使当前指针快速定位到0s处，把项目窗口中的"秋日的私语.mp3"拖入"音频1"轨中。此时，时间线窗口如图1-37所示。

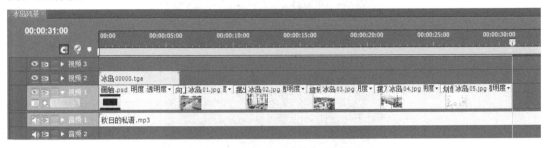

图1-37　添加音频素材后的时间线窗口

6）发现音频轨上素材明显较长，将当前指针移到"00:00:31:00"处，单击"工具"箱中的"剃刀"工具，在"00:00:31:00"处单击，将音频素材截成两端，再单击"工具"箱中的"选择"工具，单击选定第2段音频素材，按<Delete>键，删除第2段音频素材。

7）单击"节目"窗口中的"播放"按钮，预览效果。

（4）保存项目

执行"文件"→"存储为"命令，在弹出的对话框中，选择保存的位置和文件名或默认文件名，单击"确定"按钮。

≫ 知识拓展

1）在实战技能2中，导入图像序列时，选择"图像序列"复选框，则图像序列在项目窗口中以视频的形式出现。如果不选择"图像序列"复选框，那么导入的图片是以单张图片的形式出现的。但是，在项目窗口中要以视频的形式出现，那么"图像序列"文件夹中的图片必须是以序号排列的多张图片。

2）导入Psd格式分层文件时，在导入对话框中出现选择导入的方式，如图1-38所示。

① 合并所有图层：将分层的文件所有层进行合并，以一个层的图像出现。

② 合并图层：选择要合并的某几个图层进行合并，以一个层的图像出现。

③ 单层：以文件夹的形式导入到项目窗口，文件夹中包含选择的各个单层图像。

④ 序列：以文件夹的形式导入到项目窗口，文件夹中包含图像序列。

当选择"单层"方式或"序列"方式导入时，还需选择"素材尺寸"是按"文档大小"还是按"图层大小"，如图1-39所示。

图1-38　导入分层文件对话框

图1-39　选择素材尺寸

▶▶ 巩固与提高

实战延伸1　制作"忆江南梦故乡"视频

效果描述：根据给定的图片素材、视频素材、音频素材，制作"忆江南梦故乡"视频项目文件，素材之间使用转场切换。

视频效果截图如图1-40所示。"忆江南梦故乡"项目的时间线窗口如图1-41所示。

图1-40　"忆江南梦故乡"视频效果截图

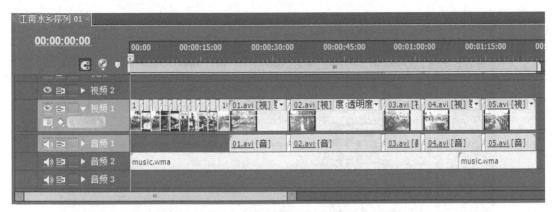

图1-41　项目的时间线窗口

素材位置："项目1　素材管理/任务2素材/任务2实战延伸1素材"。

项目位置："项目1/忆江南梦故乡"。

实战操作知识点：

1）导入素材的几种方法。

2）导入视频文件夹、图片文件夹和"音频"文件夹。

3）图片素材的自动匹配序列、视频素材自动匹配序列。

4）音频素材加载。

5）音频素材裁剪。

6）保存项目。

实战延伸2　制作"德国世界杯足球赛"视频

效果描述：根据给定的素材，制作"德国世界杯足球赛"视频，一个卷轴展开后，文字动画"德国世界杯"展现在画卷中，然后播放足球比赛视频，视频素材之间需要转场效果。

视频效果截图如图1-42所示。"德国世界杯足球赛"项目的时间线窗口如图1-43所示。

素材位置："项目1　素材管理/任务2素材/任务2实战延伸2素材"。

项目位置："项目1/德国世界杯足球赛"。

实战操作知识点：

1）导入素材的几种方法。

图1-42　视频效果截图

图1-43 "德国世界杯足球赛"项目的时间线窗口

2）导入"图像序列"文件、PSD格式文件的方法。

3）视频素材的自动匹配序列。

4）音频素材加载。

5）如果音频素材不够长，需要再次加载音频素材。

6）保存项目。

任务3　音视频合成

▶▶ 知识准备

1. 影视制作流程

（1）前期准备

首先要写出拍摄脚本，计划拍摄哪些镜头、音乐样本、布景方案、演员造型、道具、服装、拍摄计划进度以及一些细节。

（2）拍摄

一般来说，影视制作人员都应该具有摄、录、编于一体的制作技能，并依照前期准备的拍摄计划进行拍摄。

（3）数字制作

制作一些实际拍摄难以完成的素材，通过一些专用软件来制作。

（4）后期制作（初剪/粗剪）

按照故事的版本将拍摄素材与数字素材进行组接，减去无用的素材。所谓粗剪就是在剪辑过程中，将镜头和段落依大概的先后顺序加以接合的影片初样。

（5）特效合成

依照脚本描述，将需要的特效部分合成到影片中。

（6）精剪

就是正式的编辑。根据确切剪接点剪接出来的影片称为精剪。

（7）配音与配乐

根据脚本添加对白、旁白、音乐、音效等。

（8）影片导出

导出脱离制作软件环境的视频文件。

2. 影片预演

在时间线上编辑的视频，是通过"节目"窗口播放的。编辑时，经常需要边编辑边预演，以便及时进行编辑修改，控制视频预演快慢有以下几个操作：

1）单击节目监视器中的播放按钮 进行控制预演。

2）拖动时间线中的当前指针进行预演。

3）鼠标指向"当前时间数码显示"区域，鼠标变成小手形状，左右拖动鼠标可以控制预演，如图1-44所示。

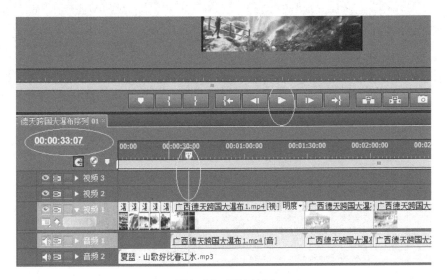

图1-44　预演控制

3. 影片导出

对于预演满意的影片，就可以导出为脱离Premiere Pro CS6软件环境的通用的视频文件。以"项目1/任务2/案例1（德天跨国大瀑布）"视频制作为例，说明导出影片的方法。

1）单击选定时间线窗口上的任何一个素材，执行"文件"→"导出"→"媒体"命令，打开"导出设置"对话框，如图1-45所示。

2）在对话框中，单击"格式"选择框，选择需要的视频格式，如默认的视频格式为"AVI格式；单击"输出名称："后面的名称，弹出"另存为"对话框，如图1-46所示，选择"另存为"的位置和文件名，否则，按默认保存位置保存。

3）在图1-45中，单击"导出"按钮，开始进行编码处理，等一会儿，视频导出成功。

图1-45 "导出设置"对话框

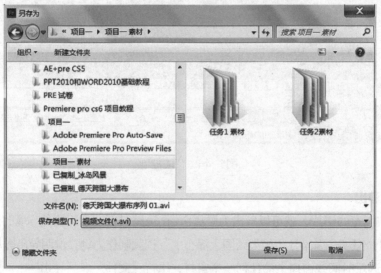

图1-46 "另存为"对话框

4. 视频格式转换

使用Premiere Pro CS6可以对视频进行格式转换，在视频导出时，选择所要导出的视频格式，实现视频格式转换。

导出视频时，默认导出的是"Microsoft AVI"格式（.avi）的视频文件。

单击选定时间线窗口上的任何一个素材，执行"文件"→"导出"→"媒体"命令，弹出如图1-45所示的"导出设置"对话框。

在对话框中，单击"格式"选择框，选择需要的视频格式，如图1-47所示，默认的视频格式为AVI格式。

图1-47 导出视频格式选择

选择不同的视频压缩格式，则导出的视频效果不一样，导出的视频格式相应的文件大小也不一样。一般来说AVI格式文件较大，WMV格式文件较小。

≫ 任务实施

技能实战1 黄山之美——影片导出

技能实战描述：导入与"黄山之美"有关的图片素材、音频素材，自动匹配相应的转场效果，导出WMV格式的视频文件。

技能知识要点：利用设置"首选项"参数值，设置所有静态图片默认为3s；利用导入"文件夹"素材的方法导入图片文件夹素材；在时间线上设置所有图片缩放为当前画面大小；利用导出视频格式的方法导出WMV格式的视频文件。

技能实战步骤：

1）制作准备：在"项目1素材\任务3素材\技能实战1素材（黄山之美）"文件夹中挑选合适的图片，设置好图片播放的顺序，做好视频制作前的准备工作。

2）新建项目与序列：启动Premiere Pro CS6软件，新建项目文件"黄山之美"，新建序列文件名称为"黄山之美序列01"，"序列预设"为"DV—PAL"下的"标准48kHz"。

3）修改图片显示时间：执行"编辑"→"首选项"→"常规"命令，打开"首选项"对话框，如图1-48所示。在"静态图像默认持续时间"框中，默认值为"125"帧，也就是默认显示为5s，可以进行修改，现在修改为"75"帧，使得导入的静态图片在时间线窗口中持续时间为3s。单击"确定"按钮。

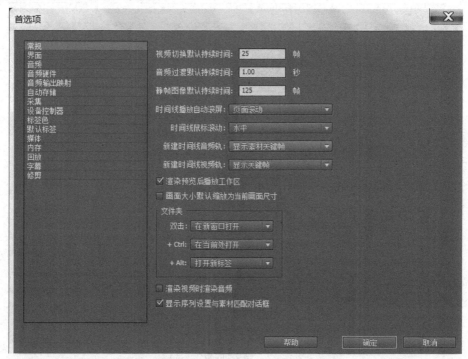

图1-48 "首选项"设置对话框

4）导入图片素材：在项目窗口中双击，打开"导入"对话框如图1-49所示。单击选定"项目1素材\任务3素材\技能实战1素材（黄山之美）"\"黄山图片"文件夹，单击"导入文件夹"按钮，导入图片素材到"项目窗口"中。

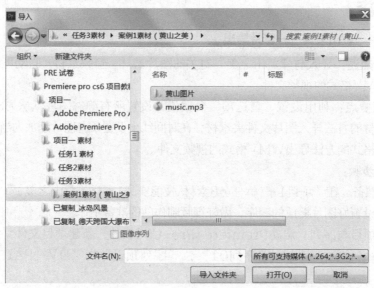

图1-49 "导入"对话框

5）导入音频素材：在项目窗口中双击，选定"项目1素材\任务3素材\技能实战1素材（黄山之美）\music.mp3"导入背景音乐文件。导入素材后的项目窗口如图1-50所示。

6）素材入轨：在项目窗口中，双击打开"黄山图片"文件夹，单击选定"1.jpg"文件，再按住<Shift>键，同时单击选定"16.jpg"，这16个图片文件被选定，如图1-51所示。单击项目窗口下端的"自动匹配序列"按钮，则图片匹配到"视频1"轨中，并且"视频1"轨中的图片素材之间自动添加有转场切换效果，如图1-52所示。

再把项目窗口中背景音乐素材"music.mp3"拖曳到"音频1"轨中。

图1-50　导入素材后的项目窗口

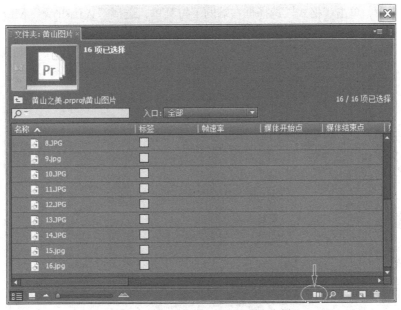

图1-51　项目窗口中连续选定素材

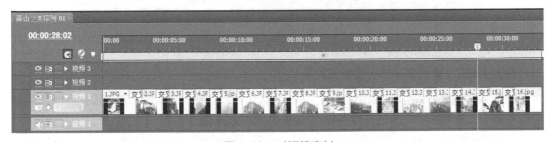

图1-52　时间线素材

7）修改所有图片在节目窗口中的显示大小：由于素材图片画面尺寸都比较大，在节目窗口中不能完全显示整体画面，需要调整素材在节目窗口中的显示。由于图片较多，可以一次性调整，方法如下：用鼠标拖动进行框选，选定"视频1"轨中的所有素材，如图1-53所示。右键单击所选对象，在弹出的快捷菜单中，选择"缩放为当前画面大小"命令。

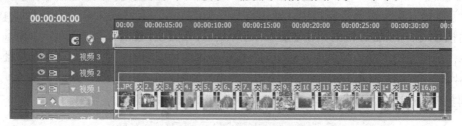

图1-53　鼠标框选"视频1"轨中所有图片素材

8）裁断多余的音频素材：将当前时间指针移到"00:00:33:03"处，单击"工具"窗口中的"剃刀"工具，在"音频1"轨的当前指针处单击，把音频素材裁断成两部分，单击"工具"窗口中的"选择"工具，然后单击"音频1"轨中的第二段素材，单击"delete"键进行删除。

9）导出WMV格式的视频：执行"文件"→"导出"→"媒体"命令，在打开的"导出设置"对话框中，单击"格式"选择框右端的下拉菜单，选择"Windows Media"，如图1-54所示，单击"确定"按钮。

图1-54　导出格式选择

技能实战2　春天来了——倒计时片头

技能实战描述：利用"通用倒计时片头"素材，导入几个花开的动态视频。当倒计时效果播放完毕，及时播放几段花开的视频。

技能知识要点：利用"新建分项"按钮，新建"通用倒计时片头"素材；利用新建序列中的"自定义"编辑模式建立适合素材的新序列；利用项目窗口中的"自动匹配序列"按钮加载素材。

技能实战步骤：

1）启动Premiere Pro CS6软件，新建项目文件"倒计时"，新建序列文件名称为"倒计时序列01"，"序列预设"为"DV—PAL"下的"标准48kHz"。

2）导入"花开"的几个视频素材和音频素材。在项目窗口中新建"视频"文件夹；双击打开"视频"文件夹，在"视频"文件夹中双击，打开"导入"对话框，选择"项目1素材\任务3素材\技能实战2素材（倒计时）"文件夹，选定5个视频素材，单击"打开"按钮。

同样方法，导入音频素材。

3）查看素材：刚建立的"倒计时序列01"序列，如图1-55所示，从项目窗口中的序列属性可以看出，序列属性为：画面大小为720×576，像素纵横比为1.0940，帧速率为25帧/s。

单击选定项目窗口中的"02.mov"，如图1-56所示，素材的画面大小为720×486；像素纵横比为0.9091；帧速率为29.97帧/s。"03.mov""04.mov""05.mov"也是同样的属性，而"01.avi"则是与序列相同属性。

图1-55　项目窗口中的序列属性

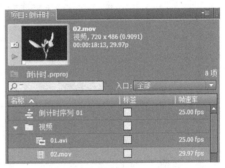

图1-56　查看素材的属性

因为5个视频素材中有4个素材属性一样，画面小，速率大，像素纵横比小。如果按"倒计时序列01"序列属性创建视频，这4个素材速度就要变慢；画面变大了，视频图像就会失真，因此，综合考虑，创建视频时，一定要重点先看一下视频素材的尺寸和像素纵横比，然后依据素材的这两个因素来创建新序列。

4）项目窗口中新建序列：在项目窗口中的空白地方单击鼠标右键，在快捷菜单中执行"新建分项"→"序列"命令，打开"新建序列"对话框，如图1-57所示。在"新建序列"对话框中选择"设置"选项卡；"编辑模式"选择"自定义"，"时基"选择"29.97帧/s"，"画面大小"中的"水平"框中输入"486"，"像素纵横比"选择"0.9091"，"预览文件格式"选择"P2 DVC Pro 50 PAL"，"序列名称"文本框中输入"倒计时序列02"，单击"确定"按钮。

5）在项目窗口中可以把"倒计时序列01"序列删除掉：鼠标右键单击"倒计时序列01"序列，在快捷菜单中执行"清除"命令。

6）创建"通用倒计时片头"素材：右击"项目"窗口中的空白地方，在快捷菜单中执行"新建分项"→"通用倒计时片头"命令，弹出如图1-58所示的对话框，单击"确定"按钮，又弹出如图1-59所示的"通用倒计时设置"对话框，单击"确定"按钮。

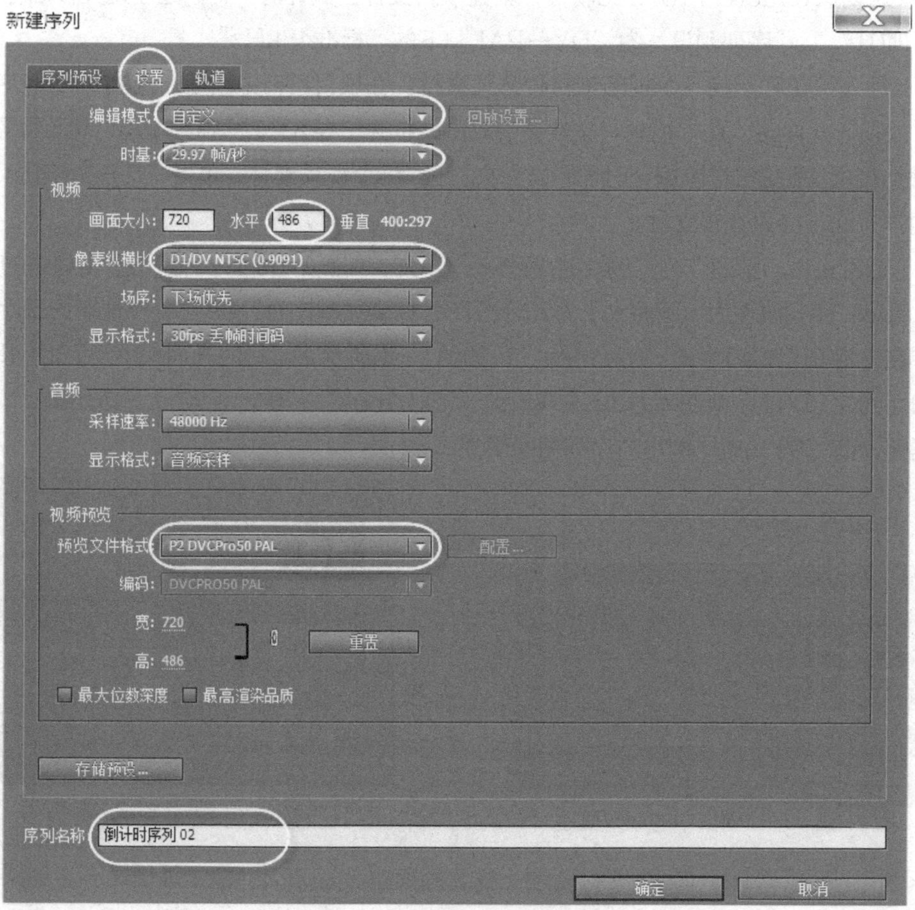

新建序列

| 序列预设 | 设置 | 轨道 |

编辑模式：自定义 ▼　回放设置…

时基：29.97 帧/秒 ▼

视频

画面大小：720　水平：486　垂直 400:297

像素纵横比：D1/DV NTSC (0.9091) ▼

场序：下场优先 ▼

显示格式：30fps 丢帧时间码 ▼

音频

采样速率：48000 Hz ▼

显示格式：音频采样 ▼

视频预览

预览文件格式：P2 DVCPro50 PAL ▼　配置…

编码：DVCPRO50 PAL ▼

宽：720

高：486　　重置

☐ 最大位数深度　☐ 最高渲染品质

存储预设…

序列名称：倒计时序列 02

确定　　取消

图1-57 "新建序列"对话框

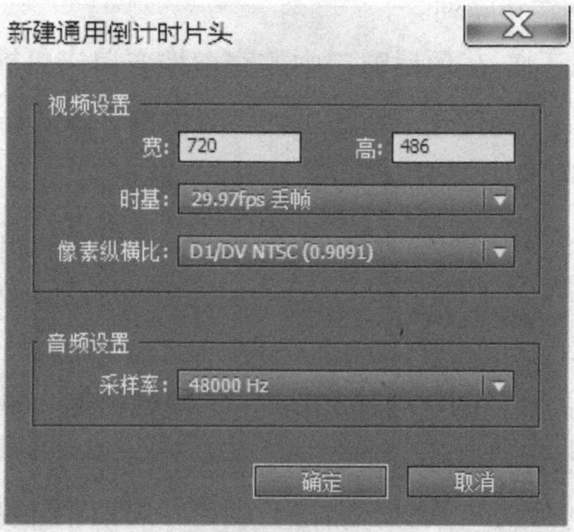

新建通用倒计时片头

视频设置

宽：720　　高：486

时基：29.97fps 丢帧 ▼

像素纵横比：D1/DV NTSC (0.9091) ▼

音频设置

采样率：48000 Hz ▼

确定　　取消

图1-58 "通用倒计时片头"对话框

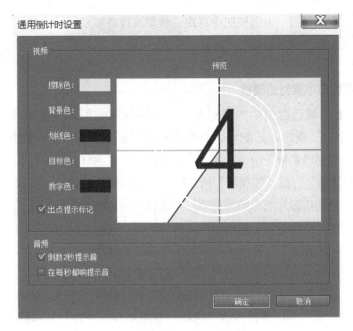

图1-59 "通用倒计时设置"对话框

7）素材加载：从项目窗口中把"通用倒计时片头"素材拖到"视频1"轨上，双击打开"视频"文件夹，选定"01.avi"～"05.avi"，单击"自动匹配序列"按钮，这5个视频素材自动匹配到"视频1"轨上。

打开项目窗口中的"音频"文件夹，拖动"春天来了.mp3"到"音频2"轨上。

8）节目预览：单击节目窗口中的"播放"按钮，进行预览。

9）将当前指针移动到"00:01:19:24"处，单击工具箱中的"剃刀"工具将"音频2"轨上"春天来了.mp3"素材裁断，把多余的音频素材删除。

10）导出视频：执行"文件"→"导出"→"媒体"命令。

11）保存项目：执行"文件"→"存储为"命令，选定保存的路径和文件名。

≫ 知识拓展

1. 项目管理

虽然执行"文件"→"存储"或"存储为"命令可以对编辑的项目进行保存，但是，有时需要到另一台计算机上对项目继续进行编辑，把存储的项目文件复制到另一台计算机后，打开项目文件时，项目文件找不到原来链接的素材，这是因为源文件被改名或存在磁盘上的位置发生了变化造成的。

为了保证已经保存过的项目文件可以在任何一台计算机上都能打开，且能连接上所对应的素材，实现移动编辑或移动打开。在保存项目时，要对项目进行"项目管理"，这样在保存项目文件时，可以将所链接的素材一同保存到一个文件夹中。

针对"任务2/技能实战2 冰岛风景"这个案例，对其进行"项目管理"。

执行"项目"→"项目管理"命令，弹出"项目管理"对话框，如图1-60所示。在"项目"对话框中，"生成项目"单选按钮中选定"收集文件并复制到新的位置"，选定"排除未使用素材"复选框，在"项目目标"中单击"浏览"按钮，选定要存储的路径，单击"确定"按钮，完成操作。

2. 修改项目窗口中素材的属性

在编辑视频时，项目窗口中的素材与序列的属性或其他大多数素材的属性不一致，可以通过"解释素材"来修改其属性。方法是：单击选定项目窗口中的某素材，执行"素材"→"修改"→"解释素材"命令，弹出"修改素材"对话框，如图1-61所示。

1）修改"帧速率"：在"帧速率"选项区域中可以修改设置影片的帧速率。选择"使用文件中的帧速率，则使用影片的原始帧速率"；选择"假定帧速率为"框，可以在框中输入需要的帧速率。下方的"持续时间"是根据帧速率的不同，自动显示出影片的长度。

2）修改"像素纵横比"：选择"使用文件中的像素纵横比"，表示要使用原素材的像素纵横比；选择"符合为"下拉列表，则可以选择需要的像素纵横比。

3）设置Alpha通道：设置Alpha通道是指设置素材的透明通道。如果导入的素材是带有透明通道的文件时，会自动识别该通道；选择"忽略Alpha通道"复选框，则忽略Alpha通道；选择"反转Alpha通道"复选框，则保存透明通道中的信息，同时也保存可见的RGB通道中的相同信息。

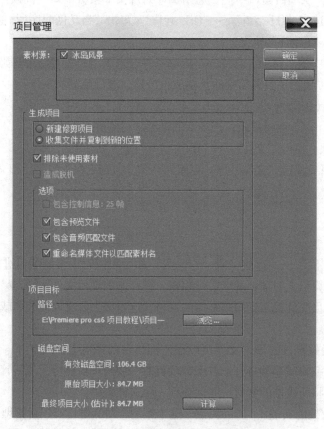

图1-60 "项目管理"对话框

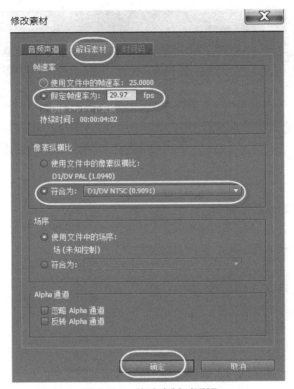

图1-61 修改素材对话框

➤ 巩固与提高

实战延伸1 制作"泰山"视频，导出WMV格式的视频文件

效果描述：该实训要求根据所给定的素材，制作"泰山"风景视频。要求自动匹配图片序列，自动添加转场效果，导出WMV格式的视频文件。

视频效果截图如图1-62所示。"泰山"项目的时间线窗口如图1-63所示。

素材位置："项目1 素材管理/任务3素材/任务3实战延伸1素材"。

项目位置："项目1/泰山"。

图1-62 "泰山"视频效果截图

图1-63　项目的时间线窗口

实战操作知识点：

1）修改静态图片默认持续时间。

2）导入图片文件夹和"音频"文件夹。

3）图片素材的自动匹配序列、音频素材加载。

4）音频素材裁剪。

5）修改图片在节目窗口中的大小。

6）导出WMV格式的视频文件。

7）保存项目。

8）项目管理。

实战延伸2　制作"莲花盛开"视频，导出MP4格式的文件

效果描述：根据给定的素材，制作"莲花盛开"的视频，利用"新建分项"，新建"通用倒计时片头"，导入"莲花盛开"的相关视频素材，导出MP4格式的文件。

视频效果截图如图1-64所示。"莲花盛开"项目的时间线窗口如图1-65所示。

图1-64　视频效果截图

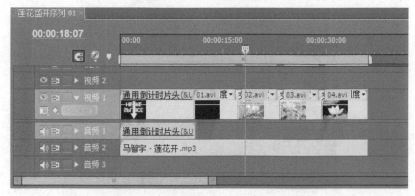

图1-65　"莲花盛开"项目的时间线窗口

素材位置："项目1 素材管理/任务3素材/任务3实战延伸2素材"。

项目位置："项目1/莲花盛开"。

实战操作知识点：

1）新建项目和序列。

2）导入视频并建立文件夹、导入音频文件。

3）在项目窗口中检查视频素材的属性是否与序列的属性一致，如果不一致则需要根据素材的属性新建一个序列。

4）创建"通用倒计时片头"素材，并加载到时间线的视轨中。

5）加载视频素材和音频素材。

6）音频素材裁剪。

7）导出MP4格式的视频文件。

8）保存项目。

9）项目管理。

实战延伸3 制作"人间天堂九寨沟"视频，导出MP4格式的文件

效果描述：根据给定的素材，制作"人间天堂九寨沟"视频，根据给定的素材画面大小，新建相应的序列，自动匹配序列加载素材，素材之间添加合适的转场效果，导出MP4格式的文件。

视频效果截图如图1-66所示。"人间天堂九寨沟"项目的时间线窗口如图1-67所示。

图1-66 "人间天堂九寨沟"视频效果截图

图1-67 "人间天堂九寨沟"项目的时间线窗口

素材位置："项目1 素材管理/任务3素材/任务3实战延伸3素材"。

项目位置："项目1/人间天堂九寨沟"。

实战操作知识点：

1）新建项目和序列。

2）导入图片素材、视频上素材并建立文件夹、导入音频文件。

3）在项目窗口中检查视频素材的属性是否与序列的属性一致，如果不一致则需要根据素材的属性新建一个序列。

4）加载图片素材到时间线的视轨中。

5）加载视频素材和音频素材。

6）音频素材裁剪。

7）导出MP4格式的视频文件。

8）保存项目。

9）项目管理。

练习题1

1. 填空题

1）电视的制式有_____制、_____制、_____制，我国采用的制式是_____制。

2）NTSC制式的帧速率是_____，标准分辨率为_____；PAL制式的帧速率是_____，标准分辨率是_____。

3）_____是构成动画的的最小单位。

4）写出常用的4种视频文件格式_____、_____、_____、_____。

5）数字电视分为_____、_____、_____3类。

6）目前常见的高清格式有3种_____、_____、_____。

7）相关监管部门于2000年8月制定的高清晰度电视节目，将_____确定为中国的高清晰度电视信号源画面标准。

8）Premiere Pro CS6视频编辑软件运行的条件是，操作系统是_____以上版本，内存至少_____GB，处理器_____以上，硬盘_____以上，显卡_____以上。

9）_____称为"项目"，一个项目中可以包含_____个序列。项目文件的扩展名为_____。

10）如果要自定义编辑画面的大小，需要在新建序列的"设置"选项卡中的"编辑模式"中选择_____选项。

11）用数字摄像机拍摄的数字视频素材，可通过配有IEEE 1394接口的视频采集卡直接采集到计算机中，通过IEEE 1394接口的视频采集卡采集的视频格式为_____格式文件。

12）使用摄像机拍摄时，顺光拍摄的人物_____，逆光拍摄的容易使人物_____。

13）运动拍摄的基本要领是_____。

14）素材导入的方法有____种，分别是_____。

15）导入多个素材时，要结合_____键来选择。

16）影视制作的流程分为_____步，分别是_____。

2. 选择题

1）在新建"项目"时，DV-PAL制式4:3应选择（　　）。

    A．标准32kHz或标准48kHz　　　　　　　B．宽银幕32kHz或宽银幕48kHz

2）在时间线上的视频最小可以显示到（　　）。

    A．1帧　　　　　　　B．1s　　　　　　　C．1min　　　　　　　D．1h

3）存放素材的窗口是（　　）。

    A．"项目"窗口　　　　　　　　　　　B．"时间线"窗口

    C．"节目"窗口　　　　　　　　　　　D．"效果"窗口

4）我国普遍采用的电视制式为（　　）。

    A．PAL　　　　　　　B．NTSC　　　　　　　C．SECAM　　　　　　　D．其他制式

5）可以使项目文件及其素材保存到一个文件夹中的命令是（　　）。

    A．文件→存储　　　　　　　　　　　B．文件→存储为

    C．文件→存储副本　　　　　　　　　D．项目→项目管理

项目2 影视基本编辑

学习目标

➢ 了解三点编辑与四点编辑的知识。

➢ 了解关键帧与动画的关系。

➢ 掌握利用Premiere Pro CS6软件对素材进行剪辑的技能与技巧。

➢ 掌握利用Premiere Pro CS6软件设置素材基本动画的方法。

Premiere Pro CS6是一款非线性影视编辑软件，对素材的编辑主要是在"源"监视器窗口和"节目"监视器窗口以及"时间线"窗口中进行。监视器窗口用于预览素材和观看完成的影片，设置素材的入点、出点等；"时间线"窗口用于建立序列、调整素材顺序、插入与删除素材等。

任务1　素材的基本剪辑

➢ 知识准备

1. 三点编辑与四点编辑

（1）三点编辑

通过设定3个编辑关键点来完成视频的编辑操作。这3个关键点分别是：源素材监视器素材设置的"入点"，用来确认替换部分视频内容的起始点；时间线窗口上视频设置的"入点"和"出点"，用来确认被替换视频的起止点。

三点编辑就是将"源"素材监视器中"入点"之后的素材截取出一部分，替换到时间线上视频"入点"与"出点"之间。替换的结果是被替换后"源素材"播放速度不变，长度与时间线上"入点"和"出点"之间的长度相同，时间线上的视频总长度不变。

操作方法：在"项目"窗口或"时间线"窗口中双击目标素材，该素材就在"源"监视器中被打开，在"源"监视器中，选定入点位置（当前指针移动到该位置），单击"源"监视器中的"入点"按钮，如图2-1所示。

在时间线窗口中选定要替换素材的"入点"位置，单击"节目"窗口中的"入点"按钮，移动当前指针到要替换素材的"出点"位置，单击"节目"窗口中的"出点"按钮，时间线窗口如图2-2所示。

如果"源"素材选定的入点之后的时长大于时间线入出点之间时长，单击"源"监视器窗口中的"覆盖"按钮 ▣ ，则直接从源素材入点处截取与时间线上所选定的入出点时长相同的视频片段，进行覆盖替换。

图2-1 "源"窗口定义"入点"

图2-2 时间线窗口上的"入点"与"出点"

如果"源"素材选定的入点之后的时长小于时间线入出点之间的时长，单击"源"监视器窗口中的"覆盖"按钮 ，出现如图2-3所示的"适配素材"对话框。

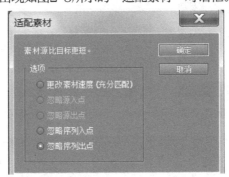

图2-3 "适配素材"对话框

1）更改素材速度（充分匹配）。

2）忽略序列入点：以时间线上所定义的入点为开始点，替换成"源"素材所定义的内容，实际上，时间线的总时长变小。

3）忽略序列出点：以时间线上所定义的出点为结束点，替换成"源"素材所定义的内容，实际上，时间线的总时长变小。

（2）四点编辑

通过设定4个编辑关键点来完成视频编辑的操作，用于将一段视频的内容替换成另一段视频的内容。

四点编辑就是将"源"素材监视器中视频的"入点"和"出点"之间的内容被替换到"时间线"窗口中视频的"入点"和"出点"之间。被替换后，时间线窗口上视频显示时间长度不变。如果"源"素材选定的"入点"与"出点"之间的视频时长大于"时间线"窗口上设定的"入点"与"出点"之间的时长，则将源素材速度变大，压缩其播放时间后，替换到"时间线"窗口上设定的"入点"与"出点"之间；反之，则拉伸其播放时间后，替换到"时间线"窗口上设定的"入点"与"出点"之间。

四点编辑的操作方法与三点编辑的操作方法基本相同。

（3）四点编辑与三点编辑的区别

三点编辑不规定"源"素材监视器中视频有多少时长被替换到时间线窗口中，被替换部分的时长完全取决于时间线窗口中"入点"与"出点"间的间隔。

2. 插入与覆盖

（1）插入

在时间线窗口中的当前指针处，需要插入一段视频。方法是在时间线上移动当前指针到需要插入的当前帧处，如图2-4所示。在"源"监视器窗口中设定"源"素材的"入点"和"出点"，如图2-5所示。单击"源"监视器窗口中的"插入"按钮，时间线上的内容自然后移，如图2-6所示。

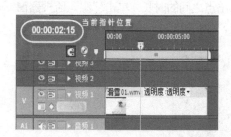

图2-4 插入前的时间线窗口

图2-5 源素材窗口设定入点和出点

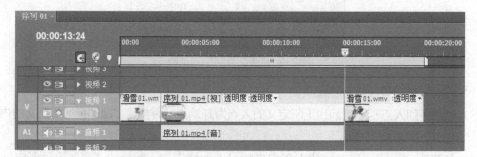

图2-6 插入完成后的时间线窗口显示

（2）覆盖

在时间线窗口中的当前指针处，需要替换一段视频。方法是在时间线上移动当前指针到需要替换的帧处，如图2-4所示。在"源"监视器窗口中设定"源"素材的"入点"和"出点"，如图2-5所示。单击"源"监视器窗口中的"覆盖"按钮，时间线上当前指针后的原部分内容被覆盖，如图2-7所示。

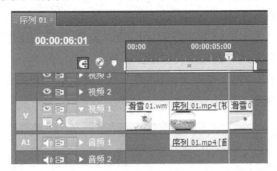

图2-7　覆盖替换后的时间线窗口显示

3．提升与提取

在"时间线"窗口中指定的轨道中，可以利用"节目"窗口中的"提升"按钮 <kbd>↑</kbd> 和"提取"按钮 <kbd>↑</kbd> 进行删除指定的节目片段。

1）"提升"操作："提升"操作就是对"时间线"窗口中指定轨道上，定义的"入点""出点"之间的节目片段内容进行删除，但不会影响"入点"之前及"出点"之后的素材位置。操作方法如下。

① 在"节目"窗口中定义所要删除素材的"入点"和"出点"，设置的"入点"和"出点"同时显示在"时间线"窗口中，如图2-8所示。

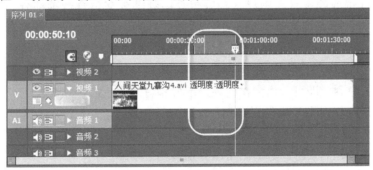

图2-8　时间线窗口中显示的所选定的素材

② 在"节目"窗口中，单击"提升"按钮 <kbd>↑</kbd>，时间线窗口中定义的入点和出点之间的内容被删除，删除后，原位置的素材留下空白位置，如图2-9所示。

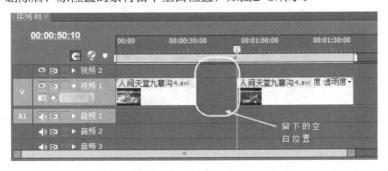

图2-9　"提升"操作后的时间线窗口显示

2）"提取"操作："提取"操作就是对"时间线"窗口中指定轨道上，定义的"入点""出点"之间的节目片段内容进行删除，而且右边的素材及时左移，不留空隙。操作方法如下。

① 在"节目"窗口中定义好所要提取片段的"入点"和"出点"，设置的"入点"和"出点"同时显示在"时间线"窗口中，如图2-8所示。

② 单击"节目"窗口中的"提取"按钮，定义的入点和出点之间的素材被删除，其后面的素材及时前移，如图2-10所示。

图2-10 "提取"后的时间线窗口显示

4．音视频的分离与链接

（1）音视频的分离

对于拍摄或选取的素材，素材本身既包含视频部分又包含音频部分，这些素材中的音频可能是噪声，也可能是当前编辑中不需要的音频，需要分离。分离音视频素材的方法如下。

右击时间线窗口中的素材，在快捷菜单中，执行"解除视音频链接"命令，即可分离素材的视频部分和音频部分，如图2-11所示。如果不需要音频部分，则可以单击选定音频部分，按<Delete>键删除音频部分。

图2-11 素材片段的快捷菜单

对于链接在一起的素材，分离后可以分别移动音频部分和视频部分，如果再链接在一起，系统会在片段上标记警告并标识错位的时间，如图2-12所示。负值表示向前偏移，正值表示向后偏移。

图2-12 音视频重新链接后错位标记

（2）音视频的链接

在时间线窗口中框选需要链接的视频和音频片段，单击鼠标右键，在弹出的快捷菜单中选择"链接视频和音频"命令，连接后的视频和音频素材就作为一个整体，移动素材时，两者一起移动。

5．素材的裁剪与删除

在"时间线"窗口中，对于各个轨道上的素材片段，可以使用"剃刀"工具进行裁剪，对于不需要的片段，按<Delete>键进行删除。

如果是音视频链接在一起的素材，使用"剃刀"工具进行裁剪时，是一起切断的。否则可以单独裁断视频片段或音频片段。

1）单击选定"工具"窗口中的"剃刀"工具，此时鼠标为"刀"的形状。

2）将时间线窗口中的当前指针移到需要切割影片片段的某一素材上，单击鼠标左键，该素材被切成两段，如图2-13所示。

3）如果需要将多个轨道上的素材在同一时间点分割，则同时按住<Shift>键会显示多重刀片，轨道上所有未被锁定的素材都在该位置被分割成两段，如图2-14所示。

在时间线窗口中选择一个或多个素材，按<Delete>键或者单击鼠标右键，在快捷菜单中选择"清除"命令，也可以右键单击该素材，在快捷菜单中选择"波纹删除"命令，达到删除素材的目的。

图2-13　用"剃刀"工具切断素材

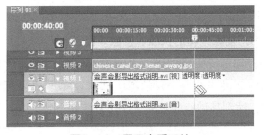

图2-14　显示多重刀片

6．波纹删除

在时间线窗口中，使用<Delete>键进行删除素材片段或使用"提升"操作后，时间线窗口的轨道中留下了空白位置，如果想删除这个多余的空白位置，让后面的素材进行前移，可以执行"波纹删除"命令，"波纹删除"操作的方法如下：

鼠标右击"时间线"窗口轨道中的空白位置，如图2-15所示。在弹出的快捷菜单中选择"波纹删除"命令，后面的素材就及时前移靠近左边相邻的素材，如图2-16所示。

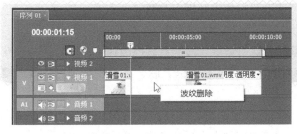

图2-15　快捷菜单

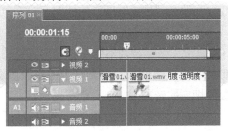

图2-16　执行"波纹删除"后

7. 设置静态图片的持续时间

1）在导入图片素材之前，首先执行"编辑"→"首选项"→"常规"→"静帧图像默认持续时间"命令设定参数值，可以使得导入的所有图片素材在时间线窗口中持续显示的时间都按照设定的参数值来显示，默认值为"125"帧，即每张静态图片显示的时间为5s，如果不进行设置"首选项"，就按默认值为"125"帧的时长显示图片，在"项目1/任务3/技能实战1"中，设定"静帧图像默认持续时间"的参数值为"75"，即导入的图片都以3s时长显示。

注意

如果先"导入"图片到项目窗口中，然后再进行设定"编辑"→"首选项"→"常规"→"静帧图像默认持续时间"的参数值，即便改变了参数值，加载到时间线窗口中的图片依然按设置参数前的默认参数值来显示图片的时长。

2）单独修改指定图片的显示时长的方法是在时间线窗口中，右键单击指定的图片，在弹出的快捷菜单中，选择"速度/持续时间"命令，打开"素材速度/持续时间"对话框，修改"持续时间"的数值，并且复选"波纹编辑，移动后面的素材"，如图2-17所示，单击"确定"按钮。

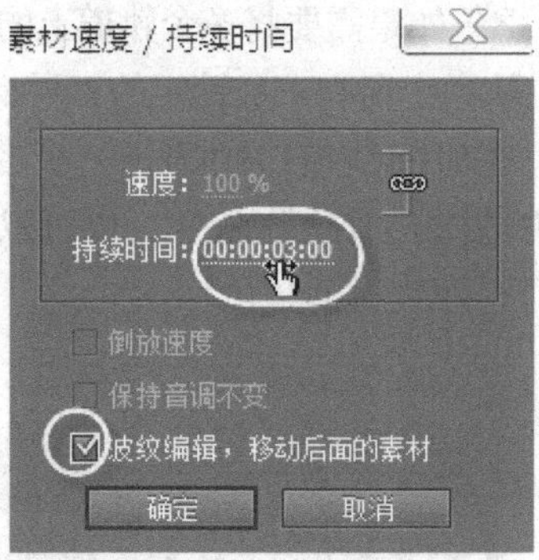

图2-17 "素材速度/持续时间"对话框

8. 视频素材的快放、慢放、倒放

在视频编辑过程中，有时需要对指定的素材或片段根据需要进行改变素材的播放速度，实现快放、慢放、倒放，达到某种特殊效果，操作方法如下。

在时间线窗口中，右击指定的视频素材，在弹出的快捷菜单中选择"速度/持续时间"命令，弹出如图2-17所示的对话框。

1）"速度"：在"速度"文本框中设置播放速度的百分比，正常视频的速度百分比为100%，输入大于100%的值则表示快放，如输入"200"的值，则表示以原来2倍的速度快放；如果输入小于100%的值，则表示慢放，如输入"50"的值，则表示以原来一半的速度慢放。

2）"持续时间"：鼠标单击"持续时间"的数码显示，输入该素材需要播放的时间长度，时间值越长，播放速度越慢；时间值越短，播放的速度越快。其实，改变"速度"数值与改变"持续时间"的值效果相同，当改变"速度"值时，会看到"持续时间"的值也在相应改变；当改变"持续时间"的值时，会看到"速度"的值也在相应改变。

3）"倒放速度"：勾选该复选框，影片实现倒放的特殊效果。

4）"保持音调不变"：勾选该复选框，将保持素材片段的音频播放速度不变，因为改变影片的播放速度后，原素材中的音频就会变调，勾选该复选框之后，不管视频部分快放或慢放，相应的音频部分还会正常播放。

5）"波纹编辑，移动后面的素材"：勾选该复选框，实现波纹编辑。因为快放等操作后，会把素材视频时长变小，留下空白间隔，勾选该复选框后，可实现删除空白间隔，后面的素材进行相应的移动。

9. 素材的群组

在时间线窗口中进行编辑，经常要对多个素材进行整体操作，使用群组命令，可以将多个素材组合到一起作为一个整体进行复制和移动等操作。建立群组素材的操作方法如下。

1）在时间线窗口中框选要群组的素材，如图2-18所示。

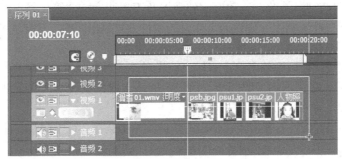

图2-18　框选要群组的素材

2）按住<Shift>键，还可以加选素材。

3）右击选定的素材，在弹出的快捷菜单中选择"编组"命令，如图2-19所示。

如果想"取消"群组效果，则可以在群组的对象上单击鼠标右键，在弹出的快捷菜单中选择"解组"命令。

图2-19　"编组"快捷菜单

10. 导出单帧

导出单帧就是导出当前帧的静态画面素材。

在"源"监视器窗口下方和"节目"监视器下方都有一个"导出单帧"按钮![ ]，使用方法相同。利用"节目"监视器导出单帧的方法如下。

1）在"时间线"窗口中，将当前指针移动到需要导出帧的位置，单击"节目"监视器下端的"导出单帧"按钮![ ]，弹出"导出单帧"对话框，如图2-20所示。

2）在"导出单帧"对话框中，"名称"文本框中可以更改要保存当前帧图片的名称；"格式"文本框中可以选择要保存的图片格式；单击"浏览"按钮可以修改要保存图片的路径，单击"确定"按钮，导出时间线上当前帧的图像。

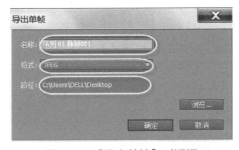

图2-20　"导出单帧"对话框

11. 复制素材

1）在时间线窗口中，选定轨道中的一个或多个素材，执行"编辑"→"复制"命令，或者右击时间线轨道中的某个素材片段，在弹出的快捷菜单中，选择"复制"命令；也可以使用快捷键<Ctrl+C>复制素材到粘贴板上。

2）将时间线窗口中的当前指针移动到需要粘贴素材的位置，执行"编辑"→"粘贴插入"命令，复制的素材以插入的方式被粘贴到当前指针位置，后面的素材依次后退。

12. 复制素材属性

素材的属性包括滤镜特效、运动设定特效以及不透明度特效等，将已经设定好的素材的属性效果复制到另一个素材上，则这两个素材的属性效果是相同的，这样就节约了素材设定同样属性的时间。

1）在"时间线"窗口中单击选定素材，首先对该素材在"特效控制台"窗口中进行属性设置，设置完成后，单击选定"时间线"窗口中的该素材，按<Ctrl+C>，进行复制或者执行"编辑"→"复制"命令。

2）右击需要相同属性的素材，在弹出的快捷菜单中选择"粘贴属性"命令。

≫ 任务实施

技能实战1 水上大冲关——重复与倒放

技能实战描述：根据给定的素材实现重复效果和倒放效果。一个水上运动参与者落水后，实现连续多次重复落水的效果；实现落水后又回跳上岸的效果。

技能知识要点：利用裁剪一个落水片段，进行连续复制多次，实现重复效果；利用"速度持续时间"中的"倒放"选项，实现倒放效果。

技能实战步骤

（1）新建项目文件

启动Premiere Pro CS6软件，在项目文本框中输入"水上大冲关"，在弹出的新建序列文件名称文本框中输入"水上大冲关序列01"，"序列预设"为"DV—PAL"下的"标准48kHz"。

（2）导入素材

在项目窗口中双击，导入"水上大冲关"的视频素材，如图2-21所示，单击选定要导入的素材，单击"打开"按钮，素材就导入到了项目窗口中，导入后项目窗口如图2-22所示。

图2-21　导入素材

图2-22　项目窗口

（3）在时间线窗口中加载素材

鼠标拖动项目窗口中的视频素材"水上大冲关"到时间线窗口的"视频1"轨道中，弹出如图2-23所示的"素材不匹配警告"对话框，单击"保持现有设置"按钮。

注意

如果在"素材不匹配警告"对话框中取消"总是提醒"复选框，则以后导入素材时，不再出现"素材不匹配警告"对话框。

（4）在时间线窗口中编辑素材

1）调整素材在时间线窗口中的显示比例：拖动时间线下方的"缩放滑块"，如图2-24所示。

图2-23　"素材不匹配警告"对话框

图2-24　调整时间线窗口中的显示比例

2）缩放为当前画面大小：由于原素材画面较小，在"节目"窗口中撑不满画面，如图2-25所示。右击"时间线"窗口中的素材，在弹出的快捷菜单中，选择"缩放为当前画面大小"命令，节目窗口画面进行了调整，如图2-26所示。

图2-25　节目窗口显示调整前

图2-26　节目窗口显示调整后

3）视音频分离：右击"时间线"窗口中的素材，在弹出的快捷菜单中，选择"解除视音频链接"命令，单击选定"音频1"轨上的素材，按<Delete>键，删除相应的音频。

4）查找要切割素材的位置：在"时间"线窗口中，将当前指针移到"00:00:02:10"处，该帧为"跳水"的位置，在移动当前指针的同时，结合"节目"窗口下方的"逐帧进"按钮和"逐帧退"按钮进行微调，准确确定要进行切断的位置，如图2-27所示。

5）切割素材：单击"工具"窗口中的"剃刀"工具，再单击当前指针的位置，对素材进行切割，素材分割成了两部分，再单击"工具"窗口中的"选择"工具，如图2-28所示。

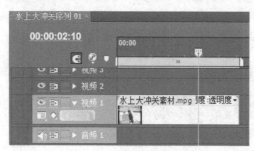

图2-27　移动当前指针到切割位置

图2-28　切割后

6）复制时间线窗口中的素材：右击切割后的第二段素材，在弹出的快捷菜单中，选择"复制"命令，将光标移到时间线的"出点（结束点）"，执行"编辑"→"粘贴"命令，就复制了一个素材，连续执行3次"粘贴"命令，如图2-29所示。

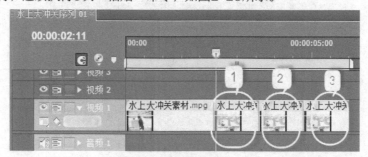

图2-29　复制素材

7）单击"节目"窗口中的"播放"按钮，预览效果，会看到连续3次"跳水"的重复片段。

8）设置"倒放"效果：在图2-29中，右击素材"2"，在快捷菜单中，选择"速度/持续时间"命令，在对话框中，勾选"倒放速度"复选框，如图2-30所示。单击"确定"按钮，此时，将光标移到0s处，单击"节目"窗口中的"播放"按钮，预览效果，会看到人跳下水，再跳上来，又跳下去的效果。

（5）保存项目

执行"文件"→"另存为"命令。

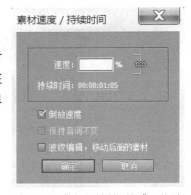

图2-30 "速度/持续时间"对话框

技能实战2 大海航行—— 快放与慢放

技能实战描述：根据给定的素材实现快放效果和慢放效果。

技能知识要点：利用"特效控制台"中"运动"选项下的"缩放比例"命令，调整节目窗口中的画面大小；利用"速度持续时间"命令设置以30%的速度慢放，以300%的速度快放；利用"效果"→"视频切换"→"划像"转场特效添加素材之间的切换效果。

技能实战步骤：

1）新建项目文件：启动Premiere Pro CS6软件，在项目名称文本框中输入"大海航行"，在弹出的新建序列文件名称文本框中输入"大海航行序列01"，"序列预设"为"DV—PAL"下的"标准48kHz"。

2）导入素材：在项目窗口中双击，导入"项目二/任务1素材/技能实战2素材"文件夹中的"大海航行.avi"的视频素材，单击选定要导入的素材，单击"打开"按钮，素材就导入到了项目窗口中。

3）素材加载到时间线窗口：将项目窗口中的素材"大海航行.avi"拖到"时间线"窗口的"视频1"轨中，此时"节目"窗口的显示如图2-31所示，在节目窗口的四周有黑边，表明视频没有撑满屏幕。

图2-31 "节目"窗口显示

执行"窗口"→"特效控制台"命令，打开"特效控制台"窗口，单击选定"时间线"窗口中的素材，在"特效控制台"窗口中，展开"运动"特效左边的三角形，看到"缩放比例"项为"100"，如图2-32所示。

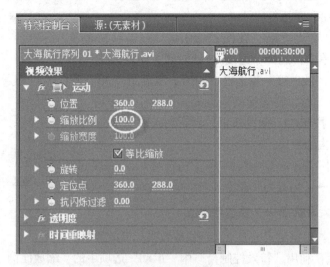

图2-32　调整屏幕前的参数

4）调整素材显示的缩放比例：在"特效控制台"窗口中，鼠标拖动"缩放比例"后面的参数为"110"，如图2-33所示。此时的"节目"窗口显示，如图2-34所示。

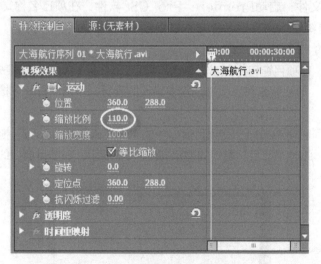

图2-33　调整屏幕后的参数

5）切割素材：在时间线窗口中，将指针移到"00:00:16:00"处，单击"工具"窗口中的"剃刀"工具，在当前位置单击，进行切割；再将指针移到"00:00:28:00"处，单击鼠标，再次进行切割，把原素材分成了3段，如图2-35所示。

6）设置慢放和快放效果：在图2-35中，右击第1段素材，在弹出的快捷菜单中，选择"速度/持续时间"命令，在弹出的对话框中，单击"速度"后面的数字，输入"30"，勾选"波纹编辑，移动后面的素材"复选框，即以30%的速度播放第1段素材，并且自动调整播放时长，如图2-36所示，单击"确定"按钮。

图2-34 调整参数后"节目"窗口满屏显示

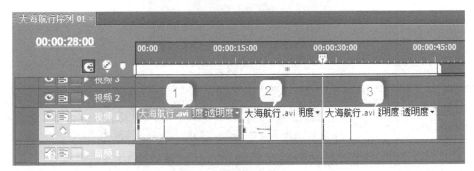

图2-35 切割成3段素材

右击第3段素材，在弹出的快捷菜单中，选择"速度/持续时间"命令，在弹出的对话框中，单击"速度"后面的数字，输入"300"，勾选"波纹编辑，移动后面的素材"复选框，如图2-37所示，单击"确定"按钮。

图2-36 播放速度设定为30%

图2-37 播放速度设定为300%

7）添加3段素材之间的切换效果：执行"窗口"→"工作区"→"效果"命令，在"效果"窗口中，展开"视频切换"选项，单击"划像"左边的三角形，选中"圆划像"特效，如图2-38所示。拖动"圆划像"特效到第1段素材与第2段素材之间，如图2-39所示。使用同样的方法，在第2段素材与第3段素材之间添加"星形划像"切换特效。

8）单击"节目"窗口中的"播放"按钮进行预览效果。

9）保存项目文件。执行"文件"→"存储为"命令，在弹出的对话框中，单击"保存"

按钮。

图2-38　效果窗口

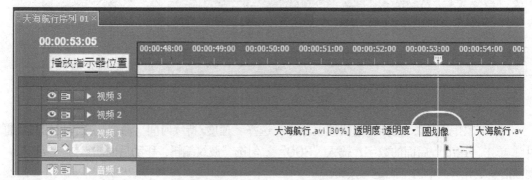

图2-39　时间线窗口中添加切换特效

技能实战3　极限运动——静帧效果

在看电视的时候，为了表现当前帧特定的动作画面，正在播放的某个画面突然停留几秒，然后继续播放，这就是静帧效果，通过技能实战3的讲解，掌握静帧效果的应用方法。

技能实战描述：根据给定的素材实现静帧效果，效果为：素材中的人物在跳跃到空中时，在空中停留3s，然后继续运动。

技能知识要点：利用"特效控制台"中的"运动"选项下的"缩放比例"命令，调整节目窗口画面显示大小；利用设置静帧的方法设置画面停留效果。

技能实战步骤

1）新建项目文件。

启动Premiere Pro CS6软件，在项目名称文本框中输入"极限运动"，在弹出的新建序列文件名称框中输入"极限运动序列01"，"序列预设"为"DV—PAL"下的"标准48kHz"。

2）导入素材。

在项目窗口中右击，弹出"导入"对话框，在对话框中，选中"项目2/任务1素材/技能实战3素材"文件夹中的"极限运动.avi"的视频素材，单击选定要导入的素材，单击"打开"按钮，素材就导入到了项目窗口中。

3）素材加载到时间线窗口。

将项目窗口中的素材"极限运动.avi"拖到"时间线"窗口的"视频1"轨中，在节目窗口的四周有黑边，表明视频没有撑满屏幕。

4）调整节目窗口中素材显示的缩放比例。

执行"窗口"→"特效控制台"命令，打开"特效控制台"窗口，单击选定"时间线"窗口中的素材，在"特效控制台"窗口中，展开"运动"特效左边的三角形，修改"缩放比例"参数为"120"，如图2-40所示。

5）切割素材。

将"时间线"窗口的指针移到"00:00:04:05"处，此帧画面为运动员飞跃到空中的画面。单击"工具"窗口中的"剃刀"工具，鼠标在当前指针处单击，进行切割，如图2-41所示。

图2-40　特效控制台参数设置

图2-41　切割素材

6）导出单帧。

单击"节目"窗口下端的"导出单帧"按钮，在弹出的对话框中，默认名称为"极限运动序列001.静帧001"，单击"浏览"按钮可以修改保存单帧图片的路径，如图2-42所示。单击"确定"按钮。

7）将导出的单帧图像导入到项目窗口。

在"项目"窗口中的空白地方右击，在弹出的对话框中选中刚导出的图像（本案例默认保存到桌面），单击"打开"按钮，单帧图像被导入到项目窗口中，如图2-43所示。

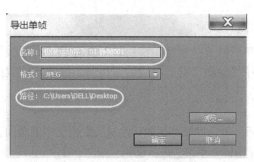

图2-42　导出单帧对话框

图2-43　"项目"窗口中的素材

8）单帧图像加载到时间线轨道中。

双击"项目"窗口中的"极限运动序列001.静帧001"素材，在"源"监视器窗口中显示，单击"源"监视器窗口下端的"插入"按钮，就加载到了时间线"视频1"轨道中。

9）设置静帧图像的播放时间。

右击时间线窗口中刚加载的图像素材，在弹出的快捷菜单中，选择"速度/持续时间"命令，在弹出的对话框中，设定"持续时间为3s"，勾选"波纹编辑，移动后面的素材"复选框，如图2-44所示，单击"确定"按钮。

图2-44　设置静帧持续时间

10）单击"节目"窗口中的"播放"按钮，预览效果。

11）保存项目。执行"文件"→"存储为"命令，保存项目文件。

≫ 知识拓展

1. 设置标记

标记指示重要的时间点，有助于定位和排列剪辑，使用标记来确定序列或剪辑中重要的动作或声音，用于查看素材帧与帧之间是否对齐，添加注释标记等。标记仅供参考之用，而不会改变视频。

可在源监视器、节目监视器或时间轴上添加标记。添加至节目监视器的标记会反映在时间轴中。同样，添加至时间轴的标记会反映在节目监视器中。

（1）添加标记

在时间轴中将播放指针移动至要添加标记的位置，单击窗口中左上角的"添加标记"按

钮■，就在当前位置添加了标记，如图2-45所示。当"吸附"按钮■处于按下状态时，将一
个素材拖动到轨道标记处，素材的入点将会自动与标记对齐。

（2）编辑标记

双击"标记"图标，打开"标记"对话框，设置以下任一选项。

在"名称"文本框中键入标记的名称，可将"未编号"标记变为"有编号"标记；在
"注释"框中输入注释内容，可以添加注释，如图2-46所示。

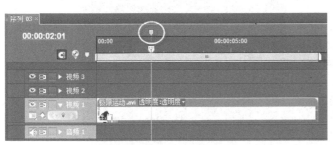

图2-45　添加标记

图2-46　标记对话框

（3）移动标记

通过拖动标记可将它们从初始位置移开。移动某个序列中剪辑里的剪辑标记，可在源监视
器中打开剪辑，然后在源监视器的时间标尺中拖动"标记"图标（不能在"时间轴"面板中操
作剪辑标记）；要移动序列标记，可在"时间轴"面板或节目监视器的时间标尺中拖动标记。

（4）跳转标记

在时间线窗口中的标尺上，单击鼠标右键，在弹出的快捷菜单中，选择"转到下一标
记"或"转到前一标记"命令，如图2-47所示。

（5）删除标记：

可以删除某一个标记，也可以将所有标记全部删除。右击时间线上的标记，在弹出的
快捷菜单中选择"清除当前标记"命令；要清除所有标记，请选择"标记"→"清除所有标
记"，如图2-48所示。

| 转到下一标记 |
| 转到前一标记 |

图2-47　标记跳转快捷菜单

| 清除当前标记 |
| 清除所有标记 |

图2-48　"标记"的快捷菜单

2. 场设置

在视频编辑中，由于视频的格式、采集和回放的设备有所不同，场的优先顺序也是不同
的，如果场顺序反转，播放时会出现僵持和闪烁现象，在编辑中改变素材片段的速度、倒放或
冻结视频帧，都可能需要进行场处理，正确的场设置在编辑中非常重要，否则，会严重影响最
后的合成质量。

在选择场顺序后，播放一下影片，观察影片是否能够平滑地进行播放，如果出现跳动的
现象，则说明场的顺序是错误的。

一般情况下，在新建节目时要指定正确的场顺序。在"新建序列"时，在其对话框中选
择"设置"选项，在右侧的"场序"下拉列表中选择影片要使用的场方式，如图2-49所示。
在导出影片时，也需要设置"场序"，如图2-50所示。

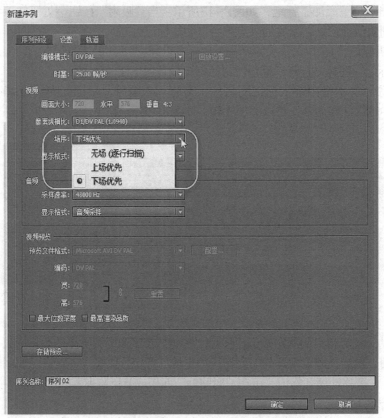

图2-49　新建序列对话框

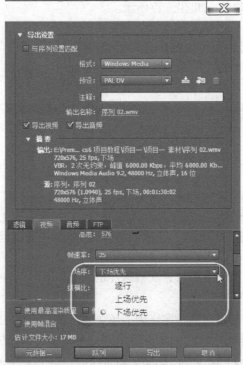

图2-50　文件导出对话框

在视频编辑中，如果选取的素材场顺序不同，需要统一调整成影片要求的场序设置，方法是在"时间线"窗口中的素材上右击，在弹出的快捷菜单中选择"场选项"命令，在弹出的"场选项"对话框中进行如图2-51所示的设置。

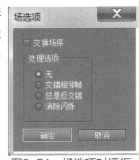

"交换场序"：如果使用的素材场顺序与视频采集卡顺序相反，则勾选此复选框。

"无"：不处理素材场控制。

"交错相邻帧"：将非交错场转换为交错场。

"总是反交错"：将交错场转换为非交错场。

图2-51　场选项对话框

"消除闪烁"：用于消除细水平线的闪烁。当该项未被选择时，一条只有一个像素的水平线只在两场中的其中一场出现，而在回放时会导致闪烁；选择该选项将使扫描线的百分值增加或降低以混合扫描线，使一个像素的扫描线在视频的两个场中都出现，在播出字幕时，一般都要将该项打开。

≫ 巩固与提高

实战延伸1　制作"踢脚爆炸"视频，导出WMV格式的视频文件

效果描述：根据所给定的素材及样片，制作出符合样片效果的多次重复爆炸效果。该视频效果为重复踢脚多次爆炸的效果。视频效果截图如图2-52与图2-53所示。"踢脚爆炸"项目的时间线窗口如图2-54所示。

图2-52　"踢脚爆炸"视频效果截图1　　　　图2-53　"踢脚爆炸"视频效果截图2

图2-54"踢脚爆炸"项目的时间线窗口

素材位置："项目2/任务1素材/实战延伸1素材"。

项目位置："项目2/踢脚就爆炸"。

实战操作知识点：

1）视频素材加载。

2）修改视频在节目窗口中的大小。

3）视频素材裁剪与复制。

4）导出WMV格式的视频文件。

5）保存项目。

6）项目管理。

实战延伸2　制作"奔马"视频，导出WMV格式的视频文件

效果描述：根据所给定的素材，制作慢放、快放、倒放的效果。视频效果为先以20%的速度慢放，再以100%的速度正常播放，然后以300%的速度快放，最后一段则是倒放。视频效果截图如图2-55所示。"奔马"项目的时间线窗口如图2-56所示。

素材位置："项目2/任务1素材/实战延伸2素材"。

项目位置："项目2/奔马"。

图2-55　"奔马"视频效果截图

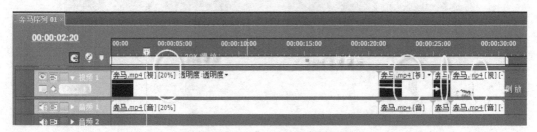

图2-56 "奔马"项目的时间线窗口

实战操作知识点：

1）新建项目与序列。

2）视频音频素材导入。

3）修改视频在节目窗口中的大小。

4）时间线窗口中视频素材复制3次。

5）设置第1段视频设置20%的慢放、第2段视频设置100%的正常播放、第3段视频设置300%的快放、第4段视频设置倒放。

6）加载音频。

7）导出WMV格式的视频文件。

8）保存项目。

9）项目管理。

实战延伸3　制作"电影静帧"视频，导出WMV格式的视频文件

效果描述：根据所给定的素材和样片，制作电影静帧的效果。视频效果截图如图2-57所示。"电影静帧"项目的时间线窗口如图2-58所示。

图2-57　"电影静帧"视频效果截图

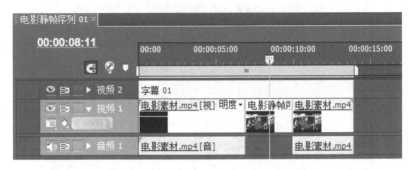

图2-58　"电影静帧"项目的时间线窗口

素材位置："项目2/任务1素材/实战延伸3素材"。

项目位置："项目2/电影静帧"。

实战操作知识点：

1）新建项目与序列。

2）视频素材导入。

3）修改视频在节目窗口中的大小。

4）时间线窗口中导出单帧图像。

5）制作静帧。

6）导出WMV格式的视频文件。

7）保存项目。

8）项目管理。

任务2　关键帧动画

≫ 知识准备

1. 关键帧

关键帧是一种特殊的帧，它决定了动画运动的方式及其效果。利用关键帧技术可以设置运动、透明度以及视频特效等的动画效果。当创建了一个关键帧，就可以指定一个效果属性在确切的时间点上的值，当为多个关键帧设置不同的值时就产生了动画效果。

设置关键帧的方法如下。

1）设置第1个关键帧：单击选定需要设置关键帧的素材，在特效控制台窗口中，移动指针到需要设置关键帧的位置，修改参数在该时间点上的数值，单击"切换动画"开关按钮，就在该时间点设置了第一个关键帧，如图2-59所示。

2）设置第2个或多个关键帧：鼠标移动指针到下一个需要设置关键帧位置，单击"添加/移除关键帧"按钮，然后改变参数值，就添加了另一个关键帧；或者直接改变当前时间位置的属性参数值，系统就自动添加了关键帧。

删除关键帧的方法：单击已有的关键帧，直接按键盘上的<Delete>键删除；也可以单击图2-60中的"添加/移除关键帧"按钮；或者单击关键帧"切换动画"开关按钮。

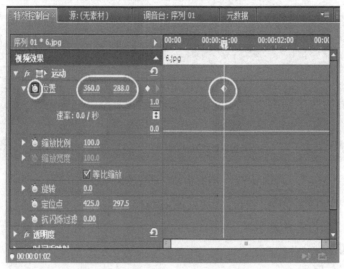

图2-59　设置关键帧

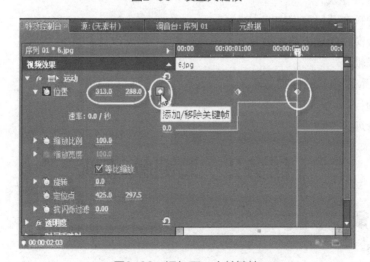

图2-60　添加下一个关键帧

2. 位置移动动画

在特效控制台中，至少设置两个关键帧，分别修改这两个关键帧位置的X值，产生左右移动的动画；分别修改这两个关键帧位置的Y值，则产生上下移动的动画；分别修改这两个关键帧位置的X值和Y值，则产生从一个坐标点到另一个坐标点的位置移动动画。

结合具体例子来说明静态图片产生左右移动的动态效果。

在项目窗口中，导入"项目2/任务2/瀑布风景.jpg"图片，把图片拖入时间线窗口中，单击选定时间线窗口中的图片，单击打开"特效控制台"窗口，单击"运动"选项左侧的展开按钮，可以看到"运动"中有"位置""缩放比例""旋转""定位点""抗闪烁过滤"等参数。

在特效控制台窗口中，将时间线上的当前指针移动到"00:00:00:10"处，单击"位置"左边的"切换动画"开关 ，产生第1个关键帧，如图2-61所示；将时间线上的当前指针移动到"00:00:02:17"处，单击"添加/移除关键帧"按钮，产生第2个关键帧，鼠标移动到"位置"的X参数值处，向右拖动鼠标，改变参数的值为"427"，如图2-62所示。位置由"360，288"变为"427，288"，Y值没有变化，即产生了左右移动的动画。

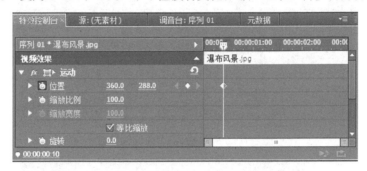

图2-61　位置第1个"位置"关键帧

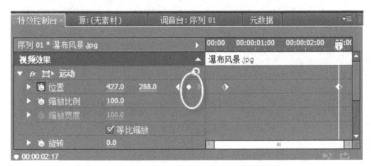

图2-62　位置的第2个"位置"关键帧

单击"节目"窗口中的"播放"按钮，预览效果，会看到图片由左向右移动的动态效果。

注意

关键帧设置完毕之后，需要在"节目"窗口中进行预览，查看效果。如果发现图片运动过快，可以在"特效控制台"中，将第2个关键帧向后移动，加大两个关键帧时间间隔的距离。

3. 缩放动画

根据特效控制台中的缩放比例属性，改变两个关键帧的缩放比例属性参数值，产生缩放动画。第1个关键帧的缩放比例参数值大于第2个关键帧的缩放比例参数值，则产生由近及远的效果；反之，则产生有远及近的效果。

下面制作一个由远及近的动画效果例子来说明制作缩放动画的方法。

1）在项目窗口中，导入"项目2/任务2/瀑布风景.jpg"图片，把图片拖入时间线窗口中，右击时间线窗口中的图片，在快捷菜单中选择"速度/持续时间"，设定图片的播放时间为5s。

2）单击选定时间线窗口中的图片，在"特效控制台"中，单击"缩放比例"左边的"切换动画"按钮开关 🖰，产生第1个关键帧，如图2-63所示；如果勾选"等比缩放"复选框，则进行等比缩放，反之，可以进行缩放宽度或缩放高度。

3）将时间线上的当前指针移动到"00:00:04:00"处，单击"添加/移除关键帧"按钮，产生第2个关键帧，鼠标移动到"缩放比例"右边的参数值处，向右拖动鼠标，改变参数的值为"200"，如图2-64所示。缩放比例由"100%"变为"200%"，即产生了由远及近的动画效果。

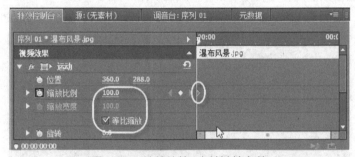

图2-63　缩放的第1个关键帧参数

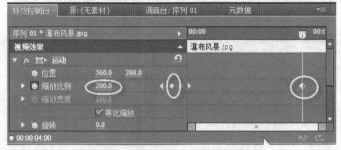

图2-64　缩放的第2个关键帧参数

4）单击"节目"窗口中的"播放"按钮，预览效果。

注意

　　制作缩放动画时，对"缩放比例"关键帧的设置，可以实现对素材随着时间的变化而不断放大，实现镜头拉近或镜头推远的效果。但是，这种缩放变化会将原来设定的中心参照物移出屏幕外，要保持中心参照物始终在视野范围内，可以在这两个缩放关键帧的位置同时设定"位置"参数的关键帧。

　　制作镜头拉近或镜头推远的效果，一定要先将两个"缩放比例"关键帧设置完毕，再在相应的关键帧位置设定"位置"关键帧。

4. 旋转动画

根据特效控制台中的旋转属性，改变两个关键帧的旋转角度参数值，产生旋转动画。第1个关键帧的旋转角度参数值小于第2个关键帧的旋转角度参数值，则产生顺时针旋转的效果；反之，则产生逆时针旋转的效果。

5. 透明度变化动画

根据特效控制台中的不透明度属性，改变两个关键帧的透明度参数值，产生亮度变化动画。第1个关键帧的透明度参数值小于第2个关键帧的旋转角度参数值，则产生由暗到亮的效果；反之，则产生由亮到暗的效果。

具体制作方法如下。

1）项目窗口中，导入"项目2/任务2/瀑布风景.jpg"图片，把图片拖入时间线窗口中，右击时间线窗口中的图片，在弹出的快捷菜单中选择"速度/持续时间"命令，设定图片的播放时间为5s。

2）右击时间线窗口中的图片，在快捷菜单中选择"缩放为当前画面大小"命令，或者在"特效控制台"窗口中设定"缩放比例"的参数值 ▶ ⓩ 缩放比例 80.0 为"80"，使得图片满屏。

3）将当前指针移到"00:00:00:09"处，在特效控制台中，展开"透明度"选项，鼠标拖动或单击输入"透明度"右边的参数为"30%"，产生第1个关键帧，如图2-65所示。此时的节目窗口中的视频效果较暗，如图2-66所示。

图2-65　设定透明度为30%

图2-66　节目窗口中透明度为30%的效果

4）将当前指针移到"00:00:04:05"处，在特效控制台中，鼠标拖动或单击输入"透明度"右边的参数为"100%"，产生第2个关键帧，如图2-67所示。此时的节目窗口中的视频效果较亮，如图2-68所示。

5）单击节目窗口中的播放按钮，预览效果。

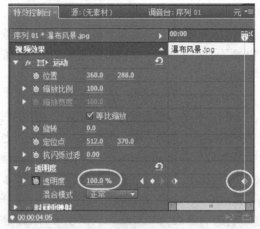

图2-67　设定透明度为100%

图2-68　节目窗口中透明度为100%的效果

6. 序列嵌套

在一个项目中可以创建多个序列，把一个或多个序列作为素材放置到另一个序列的时间线窗口中称为序列嵌套也称为素材嵌套。根据视频编辑的需要可以进行多层嵌套，但是进行嵌套的时间线不能嵌套其本身。例如，"序列3"嵌套"序列2"，"序列2"嵌套"序列1"，那么"序列1"就不能嵌套"序列2"或"序列3"了。

7. 定位点

定位点是对象的旋转或缩放等设置的坐标中心，默认状态下，定位点在对象的中心。定位点的默认数值是相对于素材本身的大小值而定，例如，一个素材的大小是300×460，那么定位点的默认值就是150、230，即素材的中心点坐标。随着定位点的位置不同，对象的运动状态也会发生变化。例如，一个球，当定位点在球的中心时，为其应用旋转，球沿定位点做自转；当定位点在球外时，球绕着定位点做公转。

➤➤ 任务实施

技能实战1 四季景色——"电影胶片"

技能实战描述：根据给定的素材实现"电影胶片"由右向左移动的效果。

技能知识要点：利用右击时间线窗口的左端，在弹出的快捷菜单中选择"添加轨道"命令来添加视频轨道；利用添加"位置"关键帧，实现胶片运动；添加小图片的"位置"关键帧，实现小图片的相对移动。

技能实战步骤：

（1）新建项目文件

启动Premiere Pro CS6软件，单击"新建项目"按钮，在项目名称框中输入"电影胶片"，单击"浏览"按钮，选择保存文件的路径，如图2-69所示。单击"确定"按钮，在弹出的新建序列文件名称文本框中输入"电影胶片序列01"，"序列预设"为"DV—PAL"下的"标准48kHz"，如图2-70所示，单击"确定"按钮。

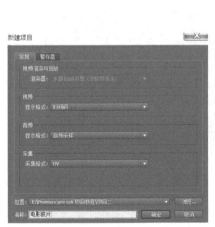

图2-69 新建项目

图2-70 新建序列

（2）导入素材

在"项目"窗口中双击，弹出"导入"对话框，选择"项目2/任务2/技能实战1素材"下的图片素材和"电影胶片.tga"文件。导入后文件排列在项目窗口中，如图2-71所示，"四季图片"文件夹中有"背景.jpg""图片1.jpg"～"图片6.jpg"。

导入的电影胶片上有6个小方框，需要填充6个素材图片，如图2-72所示。一般情况下，为了编辑的方便，在编辑时各个素材之间互不干扰，通常一个素材占用一个轨道，背景图片、6个小幅图片及电影胶片共8个素材，因此需要8个视频轨道，系统默认有3个轨道，还需要添加5个轨道。

图2-71　项目窗口

图2-72　电影胶片图

（3）添加视频轨道

右击视频轨道的名称，如"视频1"，弹出快捷菜单，如图2-73所示。选择"添加轨道"命令，弹出"添加视音轨"对话框，在"视频轨"文本框中输入"5"，如图2-74所示，单击"确定"按钮。

图2-73　快捷菜单

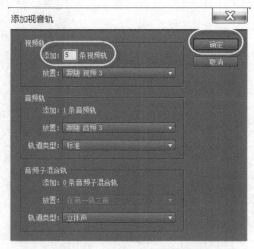

图2-74　"添加视音轨"对话框

（4）在时间线窗口中加载背景素材和电影胶片素材并设置电影胶片动画

1）单击"项目"窗口的"四季图片"文件夹左边的三角，展开"四季图片"文件夹，将"背景.jpg"拖到"视频1"轨上，由于"背景.jpg"为1024×584，如图2-75所示，序列画面大小为720×576，横向不能显示完整画面，单击"特效控制台"窗口，展开"运动"选项，取消勾选"等比例缩放"选项，将"缩放宽度"调整为"80"，如图2-76所示，右击时间线窗口"视频1"轨中的背景图片，在快捷菜单中，选择"速度/持续时间"命令，如图2-77所示。在弹出的对话框中，设定图片持续时间为3s，如图2-78所示，单击"确定"按钮。

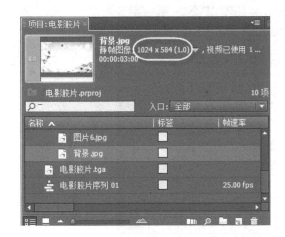

图2-75 项目窗口中"背景"图片属性

图2-76 特效控制台窗口

图2-77 快捷菜单

图2-78 设定时长为3s

注意

在视频编辑中应尽量使用等于或大于序列设置中的画面尺寸大小，素材画面大小大于序列画面大小时，可以缩放素材，画面不失真；如果素材画面小于序列画面大小时，虽然可以放大素材，但是，画面会出现失真现象。

2）由于小幅图片要处于电影胶片之下，所以将"电影胶片.tga"从项目窗口中拖到"视频8"轨中，并且拖动电影胶片的"出点"到3s处停止拖动。

调整电影胶片在屏幕中的位置：在时间线窗口中，按<HOME>键，将当前指针移到"00:00:00:00"处，单击时间线上"视频8"轨上的电影胶片，打开"特效控制台"窗口，展开"运动"选项，设置"位置"属性的参数为"605"和"480"，即X坐标为"605"，Y坐标为"480"，如图2-79所示。节目窗口如图2-80所示。

3）设置电影胶片动画：单击图2-79中"位置"左边的"切换动画"开关按钮 ，设置第一个关键帧 ；按<END>键或者单击节目窗口中的"到出点"按钮 ，当前指针移动到3妙处，即"出点"处。

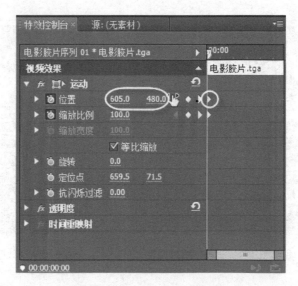

图2-79　特效控制台位置参数

图2-80　节目窗口电影胶片的位置

在"特效控制台"中，设置"位置"参数值为"110"和"480"，系统自动产生第2个关键帧，如图2-81和图2-82所示，这样就产生了电影胶片从右向左的位置移动动画。

图2-81　出点处的特效控制台参数

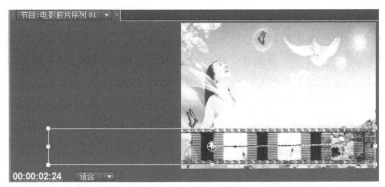

图2-82　出点处电影胶片在节目窗口中的位置

（5）添加图片到电影胶片的空白处并设置小幅图片动画

1）单击节目窗口下的"到入点"按钮，当前指针指向"00:00:00:00"处，将"图片1.jpg"拖到"视频2"轨中，并设定"图片1.jpg"的"速度/持续时间"为3s。在设定小幅图片时，最好先把"视频1"轨中的"背景"的"切换轨道输出"按钮关闭，方便观察小幅图片的显示大小。

2）单击"视频2"轨中的"图片1.jpg"，在特效控制台中，展开"运动"选项，取消勾选"等比例缩放"复选框，设置"缩放高度"为"19"，"缩放宽度"为"21"；设置"位置"参数为"93"，"480"，如图2-83所示。节目窗口如图2-84所示。

图2-83　特效控制台参数

图2-84　节目窗口

单击特效控制台中"位置"左边的"切换动画"开关按钮 ，设置"图片1"的第1个关键帧。由于小图片要随电影胶片同步运动，因此要参照胶片素材的运动参数来设置小图片的动画参数，电影胶片的"位置"参数在"00:00:00:00"时为"605"，在"00:00:03:00"时为"110"，即向左移动了495（605-110=495）个像素。

按<END>键或者单击节目窗口中的"到出点"按钮 ，当前指针移动到3s处，即"出点"处，在特效控制台中，将"位置"参数的X值设置为"-402"（93-495=-402），Y值还是"480"，系统自动产生第2个关键帧，如图2-85所示。单击节目窗口中的播放按钮，预览一下效果。

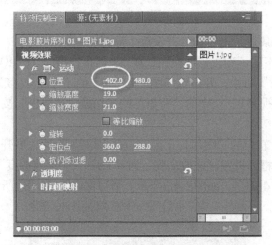

图2-85 "图片1"3s时位置参数

3）采用同样方法，将"图片2.jpg"～"图片6.jpg"拖动到"视频3"轨至"视频7"轨上，如图2-86。将每个图片的持续时间设定为3s，在特效控制台中设定"缩放高度"为19，"缩放宽度"为21，设定位置参数的Y坐标值为"480"。

图2-86 时间轴窗口

在"00:00:00:00"时，"图片2.jpg"位置参数为307和480，并单击"位置"左边的"切换动画"开关按钮 ，产生第1个关键帧；在"00:00:03:00"时，位置参数为-188

（307-495）和480，系统自动产生第2个关键帧。

在"00:00:00:00"时，"图片3.jpg"位置参数为493和480，并单击"位置"左边的"切换动画"开关按钮 位置，产生第1个关键帧；在"00:00:03:00"时，位置参数为-2（493-495）和480，系统自动产生第2个关键帧。

4）由于在"00:00:00:00"时，"图片4""图片5""图片6"无法在显示器中显示出来，所以可以先设置在"00:00:03:00"时，这3张图片的位置参数，然后再设置在"00:00:00:00"时的未知参数。

单击节目窗口中的"到出点"按钮 ，当前指针移动到3s处，在时间线窗口中，单击选定"视频5"轨中的"图片4"，打开特效控制台，展开"运动"选项，设定"位置"参数中的X值为"210"，单击"位置"左边的"切换动画"开关按钮 位置，产生1个关键帧，如图2-87所示。

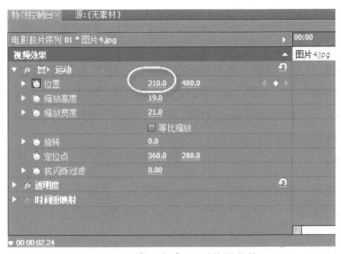

图2-87 "图片4"3s时位置参数

单击节目窗口中的"到入点"按钮 ，指针指向"00:00:00:00"处，设定"位置"参数中的X值为"705（210+495）"，系统自动产生另一个关键帧，如图2-88所示。

图2-88 "图片4"0s时位置参数

5）依照4）的方法，设定"图片5"的"位置"参数的值。在"00:00:03:00"时，"图片5"的"位置"参数X值为"425"，Y值为"480"，单击"位置"左边的"切换动画"开关按钮 位置 ，产生1个关键帧。在"00:00:00:00"时，"图片5"的"位置"参数X值为"920（425+495）"，Y值为"480"，系统自动产生另1个关键帧。

6）依照4）的方法，设定"图片6"的"位置"参数的值。在"00:00:03:00"时，"图片6"的"位置"参数X值为"616"，Y值为"480"，单击"位置"左边的"切换动画"开关按钮 位置 ，产生1个关键帧。在"00:00:00:00"时，"图片6"的"位置"参数X值为"1111（616+495）"，Y值为"480"，系统自动产生另1个关键帧。

（6）单击节目窗口中的播放按钮，预览效果

技能实战2　花朵飘落——关键帧动画

技能实战描述：根据给定的素材实现"花朵飘落"的效果：一朵花从空中翻转飘落下来。

技能知识要点：利用"背景"的右键快捷菜单，"缩放为当前画面大小"调整画面显示大小；利用"视频特效"→"变换"→"裁剪"命令裁剪"桃花"图片的多余画面；利用"视频特效"→"键控"→"颜色键"进行抠像；利用"位置"关键帧和"旋转"关键帧设置实现"桃花"的下落和旋转动画。

技能实战步骤：

1）新建项目文件：启动Premiere Pro CS6软件，单击"新建项目"按钮，在项目名称文本框中输入"花朵飘落"，单击"浏览"按钮，选择保存文件的路径，如图2-89所示。单击"确定"按钮，在弹出的新建序列文件名称框中输入"花朵飘落序列01"，"序列预设"为"DV—PAL"下的"标准48kHz"，如图2-90所示，单击"确定"按钮。

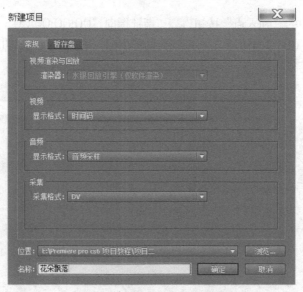

图2-89　"新建项目"对话框

图2-90 "新建序列"对话框

2）导入素材：在"项目"窗口中双击，弹出"导入"对话框，选择"项目2/任务2/技能实战2素材"下的图片素材"背景.jpg"文件和"桃花.jpg"文件。导入后文件排列在项目窗口中，如图2-91所示。背景如图2-92所示。桃花如图2-93所示。

图2-91 "项目"窗口中的素材

3）将"项目"窗口中的"背景.jpg"素材拖到时间线窗口的"视频1"轨道中，在时间线窗口中，右击"背景.jpg"素材，在弹出的快捷菜单中，选择"缩放为当前画面大小"

命令，如图2-94所示。或者在"特效控制台"中，展开"运动"选项，调整"缩放比例"参数，使得背景图片占满屏幕。

图2-92　背景图片

图2-93　桃花图片

在图2-94的快捷菜单中，选择"速度/持续时间"命令，弹出"速度/持续时间"对话框，如图2-95所示，设定持续时间为6s，单击"确定"按钮。

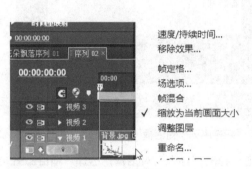

图2-94　快捷菜单

图2-95　"速度/持续时间"对话框

4）将"项目"窗口中的"桃花.jpg"素材拖到时间线窗口的"视频2"轨道中，单击"效果"窗口下的"视频特效"，展开"变换"选项，拖动"裁剪"特效命令到"视频2"轨的"桃花"图片上。打开"特效控制台"窗口，设置"裁剪"参数，如图2-96所示。

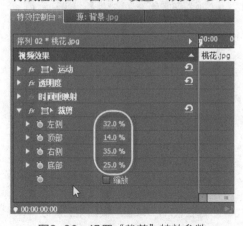

图2-96　设置"裁剪"特效参数

5）单击"效果"窗口下的"视频特效"，展开"键控"选项，拖动"颜色键"特效命令到"视频2"轨"桃花"图片上,打开"特效控制台"窗口,设置"颜色键"特效参数,鼠标单击"主要颜色"右边的"滴管"工具 ⊙ 主要颜色 ▇ 🖊 ,在"节目"窗口中的"桃花"的黑背景上单击,选取桃花的黑背景颜色,调整"颜色宽容度" ▶ ⊙ 颜色宽容度 37 参数为"37",桃花的黑背景被抠掉了,如图2-97所示。

图2-97 设置"颜色键"特效参数

6)单击选定"视频2"轨中的"桃花"图片,在"00:00:00:00"处,打开"特效控制台"窗口,展开"运动"参数,单击"位置"左边的"切换动画"按钮,产生第1个"位置"关键帧,调整"位置"参数的X值和Y值;单击"旋转"左边的"切换动画"按钮,产生"旋转"第1个关键帧,调整"旋转"参数的值,如图2-98所示。

7)单击选定"视频2"轨中的"桃花"图片,移动当前指针到"00:00:01:20"处,打开"特效控制台"窗口,展开"运动"参数,分别调整"位置"参数的X值和Y值,自动产生第2个位置关键帧;调整"旋转"参数的值,自动产生第2个旋转关键帧,如图2-99所示。

图2-98 "0"s处的"位置"和"旋转"参数　　图2-99 第1s20帧的"位置"和"旋转"参数

8)依照步骤7),将当前指针移到"00:00:02:20"处,设定相应的位置参数和旋转参数,如图2-100所示。将当前指针移到"00:00:03:20"处,设定相应的位置参数和旋转参数,如图2-101所示。

9)依照步骤7),将当前指针移到"00:00:05:20"处,设定相应的位置参数和旋转参数,如图2-102所示。

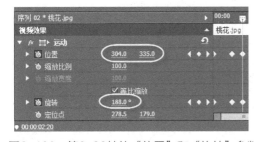

图2-100 第2s20帧的"位置"和"旋转"参数　　图2-101 第3s20帧的"位置"和"旋转"参数

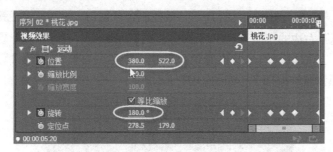

图2-102　第5s20帧的"位置"和"旋转"参数

10）单击"节目"窗口中的播放按钮，预览效果。

11）单击"项目"菜单下的"项目管理"选项，保存项目素材及项目文件。

技能实战3　"卷轴"的展开与回卷—— 关键帧及切换特效应用

技能实战描述：根据给定的素材实现"卷轴"的展开与回卷的效果，随着卷轴的展开，一幅风景画同时展现出来，画轴展开时间为3s，停留2s时间。

技能知识要点：利用导入PSD分层文件的方法导入分层素材；利用"视频切换"→"卷页"→"卷走"转场特效实现"画布"的展开；利用右轴的"位置"关键帧设置，实现右轴的移动动画。利用在素材出点处设置"视频切换"→"卷页"→"卷走"转场特效的"反转"设置，实现"画布"的"回卷"效果。

技能实战步骤

1）新建项目文件：启动Premiere Pro CS6软件，单击"新建项目"按钮，在项目名称文本框中输入"卷轴"，单击"浏览"按钮，选择保存文件的路径，如图2-103所示。单击"确定"按钮，在弹出的新建序列文件名称框中输入"卷轴序列01"，"序列预设"为"DV—PAL"下的"标准48kHz"，如图2-104所示，单击"确定"按钮。

图2-103　新建项目

图2-104　新建序列

2）导入图片素材：在"项目"窗口中右击，在弹出的快捷菜单中，选择"导入"命令，弹出"导入"对话框，选择"项目2/任务2/技能实战3素材"文件夹下的素材"风景.jpg"文件。

3）导入分层的PSD文件（画轴）。

在"项目"窗口中右击，在弹出的快捷菜单中，选择"导入"命令，弹出"导入"对话框，选择"项目2/任务2/技能实战3素材"文件夹下的素材"画轴.psd"文件，如图2-105所示。单击"打开"按钮，弹出"导入分层文件"对话框，在"导入为"选择框中，单击右侧的下拉三角按钮，选择"序列"选项或者选择"单层"选项，如图2-106所示。单击"确定"按钮。导入后文件排列在项目窗口中，如图2-107所示。

图2-105　"导入"对话框

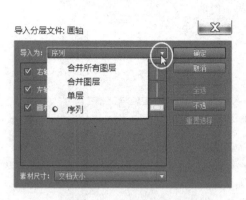

图2-106 "导入分层文件"对话框   图2-107 项目窗口

　　4）在"项目"窗口中，展开"画轴"文件夹，如图2-108所示。将"画布/画轴.psd"素材文件拖到时间线窗口的"视频1"轨中，右击"视频1"轨中的"画布/画轴.psd"，在弹出的快捷菜单中，选择"速度/持续时间"命令，弹出"速度/持续时间"对话框，设定图片的播放时间为5s，如图2-109所示。单击"确定"按钮。在时间线窗口中，拖动"缩放"滑块，调节时间线窗口标尺的显示比例，如图2-110所示。

图2-108 展开"画轴"文件夹

图2-109　设定图片持续时间

图2-110　拖动"滑块"调节时间线显示比例

5）将项目窗口中的"左轴/画轴.psd"素材文件拖动到时间线窗口的"视频2"轨中，并向右拖动"左轴/画轴.psd"素材文件的出点至5s处，如图2-111所示。将项目窗口中的"风景.jpg"素材文件拖动到"视频3"轨中，向右拖动"风景.jpg"素材文件的出点至5s处，在时间线窗口中，右击"风景.jpg"素材文件，在快捷菜单中，选择"缩放为当前画面大小"，使其满屏显示，如图2-112所示。

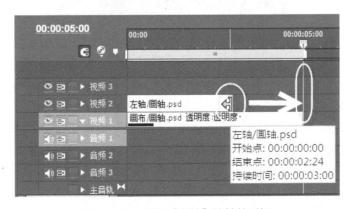

图2-111　延长"左轴"的持续时间

图2-112　缩放画面大小

6）添加视频轨。制作画轴由左向右展开，则在运动过程中，右轴应在"风景"画面之上，所以，在时间线窗口中，"右轴"所占轨道应在"风景"所占轨道之上。由于时间线窗口默认只有3个"视频"轨，目前3个视频轨道已经占完，需要添加视频轨。在"时间线"窗口的左侧右击，弹出快捷菜单，如图2-113所示。执行"添加轨道"命令，弹出"添加视音轨"对话框，如图2-114所示。修改添加视轨或音轨的条数，这里添加1条视轨，即"视频4"轨道。单击"确定"按钮。

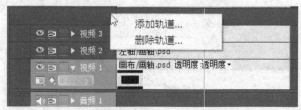

图2-113　添加轨道

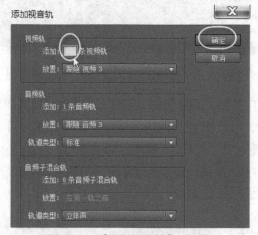

图2-114　"添加视音轨"对话框

7）将项目窗口中的"右轴/画轴.psd"素材文件拖动到时间线窗口的"视频4"轨中，并向右拖动"左轴/画轴.psd"素材文件的出点至5s处，此时的"时间线"窗口和"节目"窗口如图2-115所示。

8）调整"风景"图片的大小。单击选定"时间线"窗口"视频3"轨中的"风景"图片，打开"特效控制台"窗口，展开"运动"选项，取消勾选"等比缩放"复选框，调整"缩放高度"参数、"缩放宽度"参数、"位置"参数的Y坐标值，使得"风景"图片正好充满画布中的空白处。"特效控制台"参数显示如图2-116所示。调整"风景"图片大小之后，节目窗口显示如图2-117所示。

图2-115　右轴在时间线窗口和节目窗口中的显示

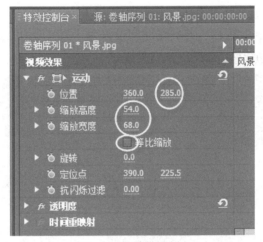

图2-116　特效控制台

图2-117　节目窗口显示

9）利用转场特效制作画布的展开动画。

①　执行"窗口"→"工作区"→"效果"命令，打开"效果"窗口，在"效果"窗口中，展开"视频切换"选项，执行"卷页"→"卷走"命令切换特效，拖动"卷走"切换特效到时间线窗口"视频1"轨中"画布/画轴.psd"的入点处，如图2-118所示。

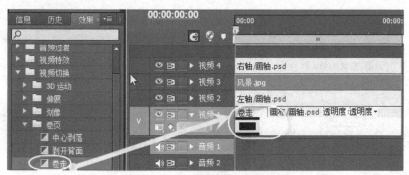

2-118 添加"卷走"切换特效

② 调整转场时间，设置画布展开的时间为3s：在时间线窗口中，双击刚添加的"卷走"转场，弹出"特效控制台"窗口，将转场时间设置为"00:00:03:00"，即3s时间，如图2-119所示。此时的时间线窗口如图2-120所示。

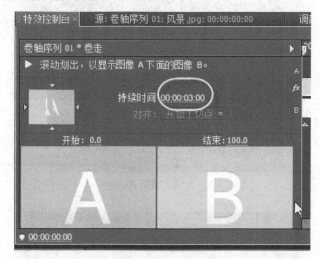

图2-119 设置转场持续时间

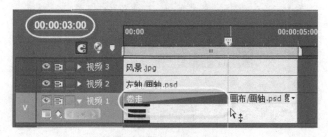

图2-120 时间线窗口

10）利用转场特效制作"风景"图片的展开动画。依照9）的同样方法，将"卷走"转场特效添加到"视频3"轨上的"风景.jpg"的入点处，将转场持续时间也设定为3s，时间线窗口如图2-121所示。此时的节目窗口预览效果如图2-122所示。

11）制作右轴的位移动画。将当前指针移到"00:00:03:00"处，单击选中"视频4"轨道中的"右轴/画轴.psd"素材文件，打开"特效控制台"窗口，展开"运动"

选项，单击"位置"左边的"切换动画"按钮 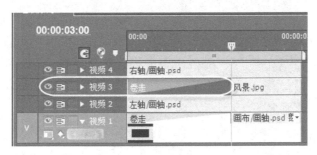，在3s处产生第1个位置关键帧，如图2-123所示。

图2-121　时间线窗口

图2-122　节目窗口三个时段的播放效果

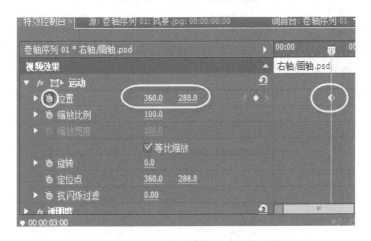

图2-123　3s时右轴位置关键帧设置

单击节目窗口中的"到入点"按钮 ，当前指针移到"00:00:00:00"处，在"特效控制台"窗口中，调整"位置"参数中的X坐标值为"-335"，如图2-124所示。右轴移到左边与左轴并列靠近。节目窗口预览显示如图2-125所示。

注意

　　设置右轴的位置关键帧，要先设置3s时的位置关键帧，因为右轴正好在源图层的右端，因此先设置3s时为第1个关键帧，然后再设置0s时的关键帧。

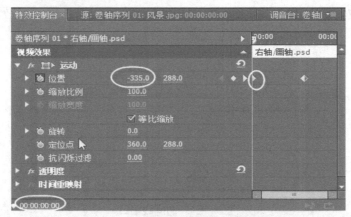

图2-124　0s时右轴位置关键帧设置

图2-125　节目窗口预览显示

12）制作卷轴由右向左的回卷效果。①按<END>键，当前指针定位到"00:00:05:00"处，即移到卷轴展开动画的最后一帧。在时间线窗口中，鼠标框选"视频1"至"视频4"轨道中的素材，如图2-126所示。执行"编辑"→"复制"命令，复制到剪贴板上，再执行"编辑"→"粘贴插入"命令，时间线窗口如图2-127所示。

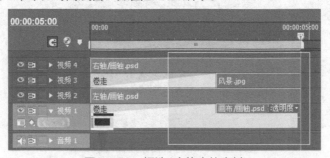

图2-126　框选4个轨中的素材

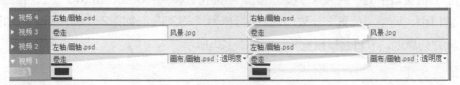

图2-127　粘贴插入时间线上的素材

② 单击选定刚粘贴插入的"视频1"轨上的"卷走"特效，按<Delete>键删除第2个"卷走"特效。同样方法，删除"视频3"轨中的第2个"卷走"特效，如图2-128所示。

图2-128　删除第2个"卷走"特效

③ 设定回卷的时间为"3"s。鼠标框选4个轨上的第2段素材，右击，在快捷菜单中，执行"速度/持续时间"命令，在弹出的对话框中设定素材的持续时间为3s，总时长变为8s，如图2-129所示。

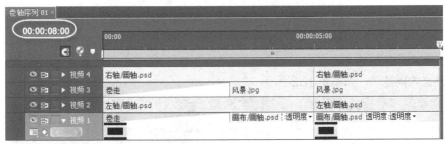

图2-129　设定回卷时间为3s后

④ 在"效果"窗口中，展开"视频切换"，将"卷页"→"卷走"特效拖动"视频1"轨中的"出点"处，单击刚添加的"卷走"特效，在弹出的"特效控制台"窗口中，设定转场特效持续时间为3s，并复选"反转"选项，如图2-130所示。同理，将"卷页"→"卷走"特效拖动"视频3"轨中的"出点"处，并设定转场特效持续时间为3s，并复选"反转"选项。

图2-130　设定转场特效

⑤ 将"视频4"轨中右轴在8s时的位置X值参数与5s时的位置X值参数互换。目前在5s时位置参数X值为"-335"，在8s时位置参数X值为"360"；将当前指针移到5s处，单击选定"视频4"轨中第2段右轴素材，在特效控制台中，展开位置参数，将X值设定为"360"，将当前指针移到8s处，在特效控制台中，展开位置参数，将X值设定为

"-335"，如图2-131所示。

图2-131　8s时右轴位置参数

⑥ 预览效果显示，如图2-132所示。

图2-132　回卷效果

对于制作卷轴的回卷效果，也可以采用"序列嵌套"的方法进行，方法如下。

1）利用上面的步骤1）至步骤11）制作出卷轴展开的动画"卷轴序列01"，该效果为3s时间展开卷轴，静止2s时间。

2）新建序列，制作3s的回卷效果序列。

① 在"项目"窗口中右击，在弹出的快捷菜单中，选择"新建分项"→"序列…"，在弹出的"新建序列"对话框中，输入名称为"3秒回卷序列02"。

② 单击时间线窗口中左上角的"卷轴序列01"序列，鼠标框选4个视频轨中的素材，按〈Ctrl+C〉组合复制。

③ 单击时间线窗口中左上角的刚建立的"3秒回卷序列02"序列，将当前指针指向"00:00:00:00"处，执行"编辑"→"粘贴插入"命令，将复制的"卷轴序列01"序列中的素材粘贴插入到"3秒回卷序列02"序列中，如图2-133所示。

④ 分别单击选定"视频1"轨中和"视频3"轨中的"卷走"转场特效，按〈Delete〉键删除"卷走"特效；鼠标框选这4个轨中的素材，右击，在弹出的快捷菜单中，选择"速度/持续时间"命令，在弹出的对话框中设定这4个轨上的素材持续时间为3s，时间线窗口如图2-134所示。

⑤ 展开"效果"→"视频切换"→"卷页"→"卷走"，将"卷走"转场特效拖动到"视频1"轨的出点和"视频3"轨的出点；分别单击"卷走"转场特效，弹出"特效控制台"，设定持续时间为3s，并勾选"反转"复选项，如图2-135所示。

⑥ 单击选定"视频4"轨上的右轴，在特效控制台中设定0s处的位置参数X的值为"360"；在特效控制台中设定3s处的位置参数X的值为"-335"，完成后，时间线窗口如

图2-136所示。

图2-133　复制到"3秒回卷序列02"序列的素材

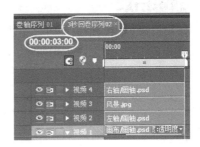

图2-134　设定素材持续时间为3s

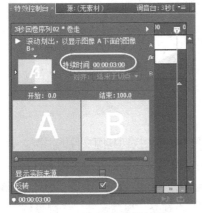

图2-135　设定转场特效

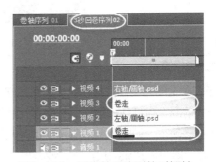

图2-136　回卷效果序列的时间轴

3）利用序列嵌套，实现画卷展开又回卷的效果。

① 在"项目"窗口中右击，在弹出的快捷菜单中，选择"新建分项"→"序列…"，在弹出的"新建序列"对话框中，输入名称为"序列03"。

② 将项目窗口中的"卷轴序列01"序列作为素材拖到"序列03"的"视频1"轨上；按〈End〉键，当前指针移到"视频1"轨的出点处，将项目窗口中的"3秒回卷序列02"序列作为素材拖到"序列03"的"视频1"轨上的当前指针处，单击"节目"窗口的播放按钮，预览效果。完成后的项目窗口如图2-137所示。时间线窗口如图2-138所示。

图2-137　序列嵌套的项目窗口

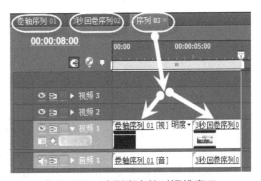

图2-138　序列嵌套的时间线窗口

▶ 知识拓展

在项目窗口中的空白地方，单击鼠标右键，在弹出的快捷菜单中，选择"新建分项"命令，弹出子菜单，如图2-139所示。

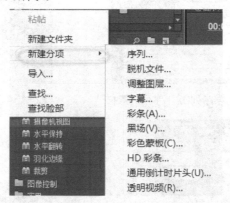

图2-139 "新建分项"子菜单

1. 脱机文件

当硬盘上的源文件被删除或移动后，就会发生在项目中无法找到其源文件的情况。有时会遇到这样的情况，当打开一个项目文件时，系统提示找不到源素材，这可能是素材文件被改名、被删除或被移动了，如图2-140所示。可以直接在硬盘上查找源素材文件，单击"选择"按钮；也可以单击"跳过"按钮略过素材，或者单击"脱机"按钮，建立"离线文件"代替源素材。

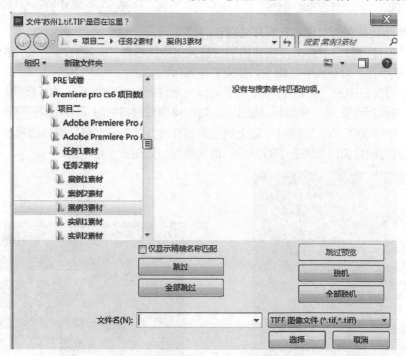

图2-140 系统找不到源素材

"离线文件"具有和其所代替的源文件相同的属性，可以按普通素材进行操作，当找到所需文件后，可以用该文件替换离线文件。离线文件起到一个占位符的作用，暂时占据丢失文件所处的位置。

在项目窗口中单击新建分项按钮，执行"脱机文件"命令，弹出"新建脱机文件"对话框，如图2-141所示。单击"确定"按钮，弹出"脱机文件"对话框，如图2-142所示。

在图2-142的"包含"选项的下拉列表中可以选择建立含有影像和声音的离线素材，或者仅含有其中一项的离线素材。在"音频格式"选项中设置音频的声道；在"磁带名"选项的文本框中输入磁带的卷标；在"文件名"选项的文本框中指定离线素材的名称；在"描述"文本框中可以输入一些备注；在"场景"文本框中输入注释离线素材与源文件场景的相关信息；在"拍摄/记录"文本框中说明拍摄信息；在"记录注释"文本框中记录离线素材的日志信息；在"时间码"选项区域中可以指定离线素材的时间。

在"项目"窗口中的离线素材上单击鼠标右键，在弹出的快捷菜单中选择"链接媒体"命令，在弹出的对话框中指定文件并进行替换。"项目"窗口中离线文件图标显示如图2-143所示。

2. 彩条

单击项目窗口中的"新建分项"按钮，执行"彩条"命令，弹出"新建彩条"对话框，如图2-144所示。单击"确定"按钮，新建一个彩条，彩条素材如图2-145所示。

彩条一般用在影片的开始前。

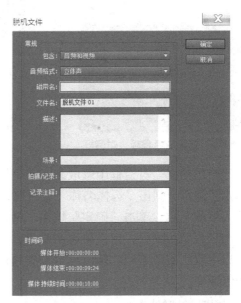

图2-141　新建脱机文件对话框　　　　　图2-142　脱机文件对话框

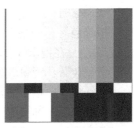

图2-143　项目窗口中的离线文件　　　图2-144　新建彩条对话框　　　图2-145　彩条素材

3. 黑场

黑场主要用于镜头过渡时使用。单击项目窗口中的"新建分项"按钮，执行"黑场"命令，弹出"新建黑场视频"对话框，如图2-146所示。

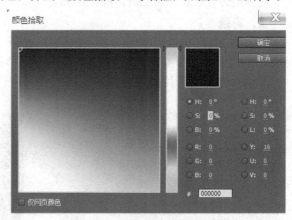

图2-146 "新建黑场视频"对话框

4. 彩色蒙版

彩色蒙版可以当背景素材使用，也可以使用"透明度"命令设定与它相关的色彩的透明性。

单击项目窗口中的"新建分项"按钮，执行"彩色蒙版"命令，弹出"新建彩色蒙版"对话框，如图2-147所示，单击"确定"按钮，弹出"颜色拾取"对话框，如图2-148所示。

图2-147 "新建彩色蒙版"对话框

图2-148 "颜色拾取"对话框

在"颜色拾取"对话框中选取蒙版所要使用的颜色，单击"确定"按钮，弹出"选择名称"对话框，如图2-149所示，输入蒙版名称，单击"确定"按钮，就在项目窗口中建立了一个彩色蒙版素材，用户可以在"项目"窗口或"时间线"窗口中双击彩色蒙版，随时可打开"颜色拾取"对话框进行颜色修改。

图2-149 "选择名称"对话框

5. 通用倒计时片头

通用倒计时片头通常用于影片的倒计时效果，Premiere Pro CS6提供了一个通用的倒计时片头素材，用户可以随时进行修改。

1）单击项目窗口中的"新建分项"按钮，执行"通用倒计时片头"命令，弹出"新建通用倒计时片头"对话框，如图2-150所示。单击"确定"按钮，弹出"通用倒计时设置"对话框，如图2-151所示。

"擦除色"：即指示线擦除之后的颜色设置。播放倒计时片头的时候，指示线会不停地围绕圆心转动，在指示线转动方向之后的颜色为划变色。

"背景色"：背景颜色。指示线转换方向之前的颜色为背景色。

"划线色"：指示线颜色。固定十字及转动的指示线的颜色。

"目标色"：准星颜色。指定圆形准星的颜色。

"数字色"：数字颜色。指定倒计时影片中8、7、6、5、4等数字的颜色。

"出点提示标记"：结束提示标志。勾选该复选框在倒计时结束时显示标志图形。

"倒数2秒提示音"：2s处是提示音标志。勾选该复选框在显示"2"的时候发声。

"在每秒都提示音"：每秒提示音标志。勾选该复选框在每秒开始的时候发声。

②设置完成后，单击"确定"按钮，"项目"窗口中就添加了一个"通用倒计时片头"素材。

图2-150　"新建通用倒计时片头"对话框

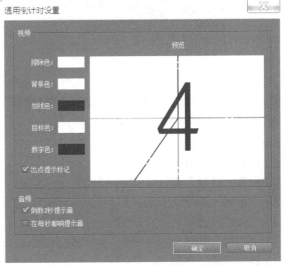

图2-151　"通用倒计时设置"对话框

用户可以在项目窗口或时间线窗口中双击通用倒计时素材，在打开的"通用倒计时设置"对话框中进行修改。通用倒计时片头播放效果如图2-152所示。

图2-152　通用倒计时片头播放效果

≫ 巩固与提高

实战延伸1　制作"胶片运动——奔放的青春"视频，导出WMV格式的视频文件

效果描述：该实训要求根据所给定的素材，制作出符合电影胶片运动的效果。"背景"素材从0s至1s时段内，实现由小放大的缩放效果，然后保持静止停留到6s处；"胶片"素材和"照片"素材从1s开始到5s进行位置移动；从1s开始出现"奔放的青春"字幕。视频效果截图如图2-153和图2-154所示。项目的时间线窗口如图2-155所示。

图2-153　效果截图1

图2-154　效果截图2

图2-155 "时间线"窗口

素材位置："项目2/任务2素材/实战延伸1素材"。

项目位置："项目2/奔放的青春"。

实战操作知识点：

1）视频素材加载。

2）设置"背景"素材持续时间为6s。

3）"背景"素材从0s至1s时段内，实现由小放大的缩放效果。

4）"胶片"素材从1s开始到5s停止运动。

5）"照片"素材从1s开始到5s的位置移动。

6）静态字幕的制作。

7）导出WMV格式的视频文件。

8）保存项目。

实战延伸2 制作"古画展开"视频，导出WMV格式的视频文件

效果描述：根据所给定的素材，制作出卷轴展开效果，展开一个古代仕女图，总时长6s。左"轴"素材保持静止不动，右"轴"素材从左向右位置移动到5s时移到右端，然后保持静止停留1s时长；"水墨画"素材逐渐展开；从5s开始保持静止，停留1s时长。视频效果截图如图2-156所示。项目的时间线窗口如图2-157所示。

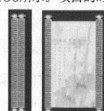

图2-156 项目效果截图

图2-157 项目的时间线窗口

素材位置："项目2/任务2素材/实战延伸2素材"。

项目位置："项目2/古画卷轴"。

实战操作知识点：

1）视频素材加载。

2）设置"水墨画"素材持续时间为6s；"水墨画"素材缩放大小以适合轴的高度。

3）添加"水墨画"素材的转场"卷走"特效，并设置转场持续时间为5s。

4）设置右轴的位置移动所需的关键帧参数并调整关键帧个数实现右轴运动与"水墨画"展开的同步。

5）导出WMV格式的视频文件。

6）保存项目。

练习题2

1. 填空题

1）"三点编辑"中的3个关键点是指＿＿＿＿＿、＿＿＿＿＿、＿＿＿＿＿。

2）"四点编辑"中的4个关键点是指＿＿＿＿＿、＿＿＿＿＿、＿＿＿＿＿、＿＿＿＿＿。

3）在"插入"与"覆盖"编辑中，单击"源"监视器窗口中的＿＿＿＿按钮，时间线上当前指针处的内容自然后移；单击"源"监视器窗口中的＿＿＿＿按钮，时间线上当前指针处的内容被替换。

4）在"节目"窗口中，单击＿＿＿＿按钮，时间线窗口中定义的入点和出点之间的内容被删除，删除后，原位置的素材留下空白位置。单击"节目"窗口中的＿＿＿＿按钮，定义的入点和出点之间的素材被删除，其后面的素材及时前移。

5）对视频中的音频进行分离，执行的快捷菜单命令是＿＿＿＿＿。

6）对视频轨中的素材进行切割，使用工具箱中的＿＿＿＿工具。

7）按＿＿＿＿键，可以对"时间线"窗口中素材片段进行删除。删除之后留下空白位置，可以＿＿＿＿击空白位置，执行＿＿＿＿命令，后面的素材自然前移。

8）在"时间线"窗口中，设定某个图片的播放持续时间，可以执行＿＿＿＿命令。

9）在Premiere 中，将1min的视频文件改成2min的视频文件，速度改变，内容不变，称为＿＿＿＿镜头；将前行的汽车镜头改为倒行的镜头，称为＿＿＿＿镜头。

10）在"特效控制台"中设置两个位置的关键帧，可以产生＿＿＿＿动画；改变两个关键帧的缩放比例属性参数值，产生＿＿＿＿动画；改变两个关键帧的旋转角度参数值，产生＿＿＿＿动画。

11）导入一张不规则的JPG图片，要使它不变形，在"特效控制台"中的选项里，勾选＿＿＿＿复选项。

12）Photoshop图像文件包含有＿＿＿＿，导入时可根据需要选择要导入的图层。

13）在时间线窗口中单击某段素材，选择"编辑"→"_____"命令，然后单击要粘贴属性的素材，选择"编辑"→"_____"命令即可将一个素材的所有属性复制到另一个素材上。

2. 选择题

1）在Premiere中，可以为视频素材各属性设置关键帧，下列描述正确的是（　　　）。

A. 仅可以在在时间线窗口和效果控制窗口为素材设置关键帧

B. 仅可以在时间线窗口设置为素材关键帧

C. 可以在效果控制窗口设置为素材关键帧

D. 不但可以在时间线窗口和效果控制窗口为素材设置关键帧，还可以在监视器窗口设置

2）假设时间线轨道的总长度为10s，通过覆盖方式插入一段长为5s的片段，如果改变其速度为200%的话，那么总长度为（　　　）s。

A. 5s   B. 10s   C. 15s   D. 20s

3）当片段的持续时间的总长度锁定时，一段长度为10s的片段，如果改变其速度为200%的话，那么长度变为（　　　）。

A. 20s   B. 15s   C. 10s   D. 5s

4）在Premiere 中导入图片序列动画素材的方式为（　　　）。

A. 在导入窗口中选择需要导入的图片   B. 在导入窗口中激活"图像序列"复选框

C. 选择菜单命令"自动匹配序列"   D. 在导入窗口中单击"导入文件夹"按钮

项目3 视频转场特效应用

学习目标

➢ 掌握转场特效的添加、删除及设置方法。

➢ 掌握高级转场特效应用的方法与技巧。

➢ 掌握使用镜头切换、调整切换区域、切换设置、设置默认切换等多种基本的转场操作技巧。

视频转场也称为视频切换。视频切换分为硬切换和软切换两大类。视频硬切换是指从一个镜头直接切换到另一个镜头；视频软切换是指两个镜头之间切换时添加了过渡效果，切换的位置一般在两个镜头之间或者添加转场特效到某个镜头的出点处或入点处；一般情况下，切换在同一轨道的两个相邻素材之间使用，也可以单独为一个素材施加切换效果，此时素材与其下方的轨道进行切换，但是下方的轨道只是作为背景使用，并不能被切换所控制。Premiere Pro CS6提供了多种软切换过渡效果，并且对每一种切换的参数进行设定，会产生不同的效果。

任务 神奇的视频转场特效

▶ 知识准备

1. 转场特效的添加

1）打开"效果"→"视频切换"选项下的某个切换特效，拖动该特效到"时间线"窗口的素材之间，如图3-1所示。或者拖动转场特效到"时间线"窗口的素材的出点或入点处，也可添加转场特效。

2）将"时间线"窗口的当前指针移到要添加转场特效的位置，按组合键<Ctrl+D>，或者执行"序列"→"应用视频过渡效果"命令，添加一个默认的"交叉叠化"转场特效。

3）框选"时间线"窗口中多个素材，执行菜单"序列"→"应用默认过渡效果到所选择区域"命令，则在所选择的所有素材之间添加了默认的"交叉叠化"转场特效。

4）在"项目"窗口中选定多个素材，单击"自动匹配序列"按钮 ▦▦，弹出"自动匹配到序列"对话框，如图3-2所示。在对话框中勾选"应用默认视频转场切换"复选项，单击"确定"按钮，即可在匹配到时间线窗口中的所有素材之间添加默认的"交叉叠化"转场特效。

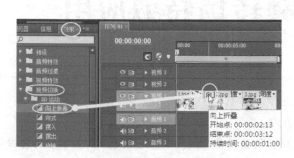

图3-1　拖动转场特效到"时间线"窗口　　　图3-2　"自动匹配到序列"对话框

2. 转场特效的删除

单击选定"时间线"窗口中的某个转场特效，按<Delete>键，即可删除该特效。

3. 转场特效的设置

在时间线窗口中添加转场特效后，双击该转场特效，打开"特效控制台"窗口，如图3-3所示，在该对话框中可以进行进一步设置。

（1）调整转场的持续时间

1）转场默认的持续时间为1s，在"特效控制台"中，单击"持续时间"的数值显示并进行输入数值进行修改；也可以拖曳"特效控制台"中右侧窗口中的fx的右端或左端，延长或缩短转场时间，如图3-3所示。

2）在"时间线"窗口中，直接拖曳该转场特效的右端或左端，调整转场持续时间，如图3-4所示。

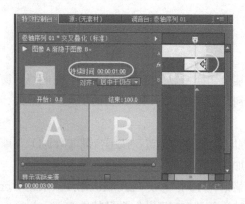

图3-3　"特效控制台"窗口调整转场时间　　　图3-4　在"时间线"窗口中调整转场时间

3）执行"编辑"→"首选项"→"常规"命令，在弹出的对话框中进行转场切换的默认持续时间设置，如图3-5所示。但是，这个转场默认持续时间只针对设定后新添加的转场有效，对"首选项"参数设定前的转场持续时间还是按原来默认的时长设定。

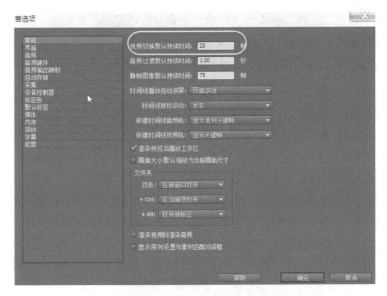

图3-5 "首选项"对话框

（2）调整转场切换的位置

在"特效控制台"的右侧窗口中，两端影片加入切换后，时间线上会有一个重叠区域，这个重叠区域就是发生切换的范围。鼠标指针移到切换中线上拖曳，可改变切换的位置，如图3-6所示。也可以将鼠标指针移到切换上拖曳来改变位置，如图3-7所示。

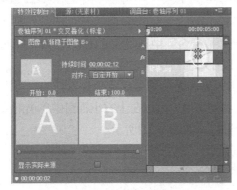

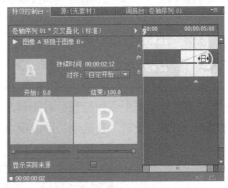

图3-6 拖曳切换的中线改变位置   图3-7 拖曳切换改变切换位置

在"特效控制台"的左侧窗口中，"对齐"下拉列表中的切换对齐方式如下：

1）"居中于切点"：将切换添加到两个素材的中间，时间线窗口如图3-8。"特效控制台"右侧窗口如图3-9所示。

2）"开始于切点"：以素材B的入点位置建立切换，如图3-10和图3-11所示。

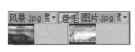

图3-8 时间线窗口   图3-9 居中于切点   图3-10 时间线窗口   图3-11 开始于切点

3）"结束于切点"：将切换点添加到第一个素材的结尾处，如图3-12和图3-13所示。

4）"自定开始"：鼠标移到切换边缘或移到切换中线上进行拖曳，可改变切换的长度和位置，就是自定义添加切换设置，如图3-14和图3-15所示。

   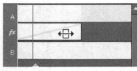

图3-12 时间线窗口　　图3-13 结束于切点　　图3-14 时间线窗口　　图3-15 自定开始

（3）设置其他切换参数

1）通常情况下，切换都是从A到B完成的，要改变切换的开始和结束的状态，可拖曳"开始"和"结束"滑块。例如，实现素材B出现在素材A画面中保持大小不变的画中画效果，可以将素材A加载到"视频1"上，素材B加载到"视频2"上，将"圆划像"转场特效拖曳到素材B上，调整"开始"和"结束"的参数值相同，如图3-16～图3-18所示。

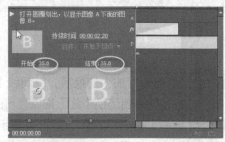 

图3-16 "时间线"窗口　　　图3-17 "特效控制台"窗口　　　图3-18 "节目"窗口

2）勾选"显示实际来源"复选框，在"特效控制台"中则以实际图像代替素材A或B。

3）在"特效控制台"中，单击按钮▶，可以在小窗口中预览切换效果。

4）某些切换具有位置和方向的性质，如出入屏画面从屏幕的哪个位置开始，可以在切换的开始和结束显示框中调整位置；对于有方向性的切换，可以在上方小视窗中单击箭头改变切换的方向；勾选"反转"复选项，则以反方向进行，如图3-19所示。

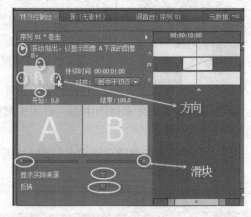

图3-19 "特效控制台"中切换的设置

4．高级转场特效

打开"效果"→"视频切换"子文件夹，有10个类别的转场特效，每个转场类别下又有多个转场特效。

（1）3D运动

3D运动文件夹中包含10种三维运动效果的转场切换。

1）"向上折叠"转场：使素材A像纸一样折叠，显示素材B，如图3-20和图3-21所示。

图3-20　"向上折叠"画面1　　　　　　　图3-21　"向上折叠"画面2

2）"帘式"转场：使素材A像窗帘一样被拉起，显示素材B。

3）"摆入"转场：使素材B过渡到素材A产生内关门效果。

4）"摆出"转场：使素材B过渡到素材A产生外关门效果。

5）"旋转"转场：使素材B从素材A中心展开。

6）"旋转离开"转场：使素材B从素材A中心旋转出现。

7）"立方体旋转"转场：使素材A和素材B如同立方体的两个面过渡转换。

8）"筋斗过渡"转场：使素材A旋转翻入素材B。

9）"翻转"转场：使素材A翻转到素材B。

10）"门"转场：使素材B如同关门一样覆盖素材A。

（2）叠化

叠化也称为淡入淡出，在"叠化"转场文件夹中包含8种叠化效果。

1）"交叉叠化"：使素材A淡化为素材B，该切换为表中的淡入淡出切换。

2）"抖动溶解"：使素材B以点的方式出现，取代素材A。

3）"白场过渡"：使素材A以变亮的模式淡化为素材B。

4）"胶片溶解"：使素材A线性淡化到素材B中。

5）"附加叠化"：使素材A以加亮模式淡化为素材B。

6）"随机反相"：以随意块方式使素材A过渡到素材B。

7）"非附加叠化"：使素材A与素材B的亮度叠加消溶。

8）"黑场过渡"：使素材A以变暗的模式淡化为素材B。

（3）划像

"划像"转场文件夹中包含7种转场特效。

1）"划像交叉"：使素材B呈十字形从素材A中展开。

2）"划像形状"：使素材B产生多个规则形状从素材A中展开。双击效果，在"特效控制台"窗口中单击"自定义"按钮，弹出"划像形状设置"对话框，如图3-22所示。

3）"圆划像"：使素材B呈圆形从素材A中展开。

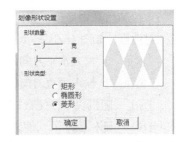

图3-22　"划像形状设置"对话框

4）"星形划像"：使素材B呈星形从素材A正中心展开。

5）"点划像"：使素材B呈斜角十字形从素材A中铺开。

6）"盒形划像"：使素材B呈矩形从素材A中展开。

7）"菱形划像"：使素材B呈菱形从素材A中展开。

（4）卷页

"卷页"转场文件夹中包含5种转场特效。

1）"中心剥落"：使素材A在正中心分为4块分别向四角卷起，露出素材B。

2）"剥开背面"：使素材A由中心点向四周分别被卷起，露出素材B。

3）"卷走"：使素材A产生卷轴卷起效果，露出素材B。

4）"翻页"：使素材A从左上角向右下角卷动，露出素材B。

5）"页面剥落"：使素材A像纸一样被翻面卷起，露出素材B。

（5）擦除

"擦除"转场文件夹中包含17种转场特效。

1）"双侧平推门"：使素材A以展开和关门的方式过渡到素材B。

2）"带状擦除"：使素材B从水平方向以条状进入并覆盖素材A。

3）"径向划变"：使素材B从素材A的一角扫入画面。

4）"插入"：使素材B从素材A的左上角斜插进入画面。

5）"擦除"：使素材B逐渐扫过素材A。

6）"时钟式划变"：使素材A以时钟放置方式过渡到素材B。

7）"棋盘"：使素材A以棋盘消失方式过渡到素材B。

8）"棋盘划变"：使素材B以方格形式逐行出现覆盖素材A。

9）"楔形划变"：使素材B呈扇形打开扫入。

10）"水波块"：使素材B沿"Z"字形交错扫过素材A。

11）"油漆飞溅"：使素材B以墨点状覆盖素材A。

12）"渐变擦除"："渐变擦除"特效可以用一张灰度图像制作渐变切换。在渐变切换中，素材A充满灰度图像的黑色区域，然后通过每一个灰度开始显示进行切换，直到白色区域完全透明。

13）"百叶窗"：使素材B在逐渐加粗的线条中逐渐显示，类似于百叶窗效果。

14）"螺旋框"：使素材B以螺旋块状旋转出现。在"特效控制台"中单击"自定义"按钮　，弹出"螺旋框设置"对话框，如图3-23所示。

图3-23 "螺旋框设置"对话框

"水平"：输入水平方向的方格数量。

"垂直"：输入垂直方向的方格数量。

15）"随机块"：使素材B以方块形式随意出现覆盖素材A。

16）"随机擦除"：使素材B产生随意方块，以由上向下擦除的形式覆盖素材A。

17）"风车"：使素材B以风车轮状旋转覆盖素材A。

⟫ 任务实施

技能实战1　金色童年——电子相册

技能实战描述：这里利用一些静态图片，制作一个生动的电子相册。

技能知识要点：新建项目与序列；设置"首选项"参数；利用视频切换中的多种转场特效添加转场效果。

技能实战步骤：

（1）双击桌面上Premiere Pro CS6软件的快捷图标，启动Premiere Pro CS6软件

在项目名称文本框中输入"金色童年"，在弹出的新建序列文件名称文本框中输入"金色童年序列01"，"序列预设"为"DV—PAL"下的"标准48kHz"。

（2）设置"首选项"参数

执行"编辑"→"首选项"→"常规"命令，弹出"首选项"对话框，如图3-24所示。在对话框中，将"视频切换默认持续时间"设为"25"帧，即转场时间为1s；将"静帧图像默认持续时间"设定为"75"帧，即每个图片持续时间为3s。

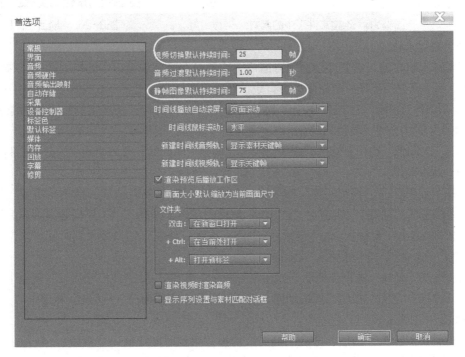

图3-24　"首选项"对话框

（3）导入素材

在项目窗口中双击，导入"项目3\技能实战1素材\金色童年"文件夹中的素材，如图3-25所示。单击选定"1.jpg"素材，按住<Shift>键，再单击最后一个素材"蓝色的爱.mp3"，这样就选定了全部素材，然后单击"打开"按钮，素材就导入到了项目窗口中。导入后项目窗口如图3-26所示。

图3-25　素材文件夹中的素材　　　　　　　　图3-26　"项目"窗口

（4）素材入轨

在素材入轨之前，需要计划好项目窗口中的素材在时间线窗口中的排列顺序，哪个素材先出场，哪个素材后出场，要做到心中有数，然后将素材分别添加，本案例中，按照图片的名称顺序。单击"1.jpg"，按住<Shift>键，再单击"12.jpg"，将选定的12张图片素材拖动到"视频1"轨中；将"蓝色的爱.mp3"拖入到"音频1"轨中。

拖动"时间线"窗口下端的"缩放滑块"，调整"时间线"窗口中素材的显示比例。

（5）添加转场

打开"效果"→"视频切换"窗口，单击展开"3D运动"选项，拖动"帘式"切换效果到时间线窗口"视频1"轨道上"1.jpg"素材的左边；拖动"门"切换效果到时间线窗口"视频1"轨道上"素材1"与"素材2"之间；拖动"摆出"切换效果到时间线窗口"视频1"轨道上"素材2"与"素材3"之间。

单击展开"划像"选项，拖动"圆划像"切换效果到时间线窗口"视频1"轨道上"素材3"与"素材4"之间；拖动"星形划像"切换效果到时间线窗口"视频1"轨道上"素材4"与"素材5"之间。

单击展开"卷页"选项，拖动"翻页"切换效果到时间线窗口"视频1"轨道上"素材5"与"素材6"之间；拖动"卷走"切换效果到时间线窗口"视频1"轨道上"素材6"与"素材7"之间。

单击展开"擦除"选项，拖动"双侧平推门"切换效果到时间线窗口"视频1"轨道上"素材7"与"素材8"之间；拖动"时钟式划变"切换效果到时间线窗口"视频1"轨道上"素材8"与"素材9"之间；拖动"擦除"切换效果到时间线窗口"视频1"轨道上"素材9"与"素材10"之间；拖动"风车"切换效果到时间线窗口"视频1"轨道上"素材10"与"素材11"之间。

单击展开"叠化"选项，拖动"胶片溶解"切换效果到时间线窗口"视频1"轨道上"素材11"与"素材12"之间；拖动"交叉叠化"切换效果到时间线窗口"视频1"轨道上"素材12"的出点处。

（6）音频素材裁剪

将时间线窗口中当前指针移到"00:00:36:00"处，单击选定"音频1"轨道，单击"工具箱"中的"剃刀"工具，在当前时间指针处单击，"音频1"轨道上的素材被裁成两段，鼠标单击选定后一段，按键盘上的<Delete>键删除后一段内容。完成后的时间线窗口如图3-27所示。

图3-27　时间线窗口

（7）预览效果

单击"节目"窗口中的"播放"按钮，预览效果。

（8）项目管理

执行"项目"→"项目管理"命令，弹出"项目管理"对话框，如图3-28所示。在对话框中，单击"浏览"按钮，设定项目存储的路径，单击"确定"按钮。

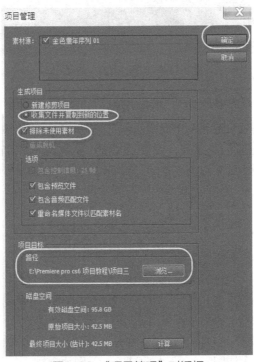

图3-28　"项目管理"对话框

（9）导出为WMV格式的视频文件

执行"文件"→"导出"→"媒体"命令，弹出"导出"对话框，如图3-29所示。在对话框中单击"格式"右边的下拉按钮，选择导出的格式为"Windows Media"，单击"输出名称"选项，设定导出后存放视频文件的路径和文件名，单击"导出"按钮，系统开始渲染，渲染完成后，导出视频的任务完成。

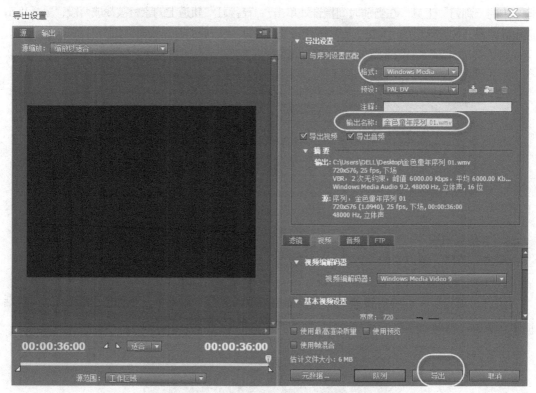

图3-29 "导出设置"对话框

技能实战2 卷轴的双向展开——"双侧平推门"转场特效应用

技能实战描述：这里实现卷轴从中间向左右方向同时展开的效果。

技能知识要点：新建项目与序列；设置"位置"参数实现左右轴的运动；利用"视频切换"特效中"擦除"分项中的"双侧平推门"转场特效实现风景画布从中间向左右方向同时展开的效果。

技能实战步骤：

1）双击桌面上Premiere Pro CS6软件的快捷图标，启动Premiere Pro CS6软件。在项目名称文本框中输入"卷轴的双向展开"，在弹出的新建序列文件名称文本框中输入"卷轴的双向展开序列01"，"序列预设"为"DV—PAL"下的"标准48kHz"。

2）在"项目"窗口中双击，打开"导入"素材对话框，如图3-30所示。选择素材存放的文件夹，单击选中"卷轴. psd"，单击"打开"按钮，出现"导入分层文件"对话框，如图3-31所示。在"导入为"选项中，选择"合并所有层"选项，单击"确定"按钮。再次在"项目"窗口中双击，导入如图3-30中的"01.jpg"图片素材。

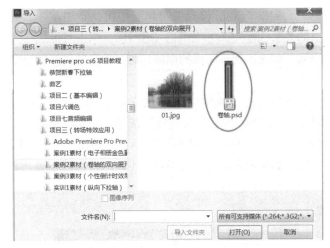

图3-30 "导入"素材对话框

图3-31 "导入分层文件"对话框

3）将项目窗口中的"卷轴.psd"素材拖入时间线窗口的"视频2"轨中，确保静态图片素材的持续时间为5s；单击"特效控制台"窗口，展开"运动"参数项，单击"位置"左边的"切换动画"按钮，设定第一个"位置"关键帧，修改"位置"参数中X的值为"350"，如图3-32所示。再次拖动项目窗口中的"卷轴.psd"素材拖入时间线窗口的"视频3"轨中，单击选定"视频3"轨中的素材，单击"特效控制台"窗口，展开"运动"参数项，单击"位置"左边的"切换动画"按钮，设定"视频3"轨中素材的第一个"位置"关键帧，修改"位置"参数中X的值为"380"，如图3-33所示。使得两个卷轴并列于节目窗口的中央。

图3-32 设定"视频2"轨"位置"参数

图3-33 设定"视频3"轨"位置"参数

4）将项目窗口中的"01.jpg"素材拖入时间线窗口的"视频1"轨中，单击选定"视频1"轨中的素材，单击特效控制台，展开"运动"选项，单击取消"等比缩放"复选框中的复选符号，设置"缩放高度"为"72"，"缩放宽度"为"88"，如图3-34所示。

5）打开"效果"窗口，展开"视频切换"选项，单击"擦除"选项左边的下拉三角形按钮，将"双侧平推门"转场特效拖到"视频1"轨中的"01.jpg"素材上，将时间线上的当前指针移到3s的位置，鼠标置于"双侧平推门"转场特效的右侧，出现"🔲"符号时，向右拖动至3s位置，如图3-35所示。

6）将时间线上当前指针置于3s位置，单击选定"视频2"轨中的卷轴素材，打开"特效控制台"窗口，在"特效控制台"窗口中，单击"添加/移除关键帧"按钮，添加左轴的第二个关键帧，并修改"位置"选项中X值的参数为"35"，如图3-36所示。单击"播放"按钮，预览卷轴移动是否与图片伸展位置一致，如果出现不同步的现象，可以给卷轴再添加一个相应的关键帧。

7）将时间线上当前指针置于3s位置，单击选定"视频3"轨中的卷轴素材，打开"特效控制台"窗口，在"特效控制台"窗口中，单击"添加/移除关键帧"按钮，添加右轴的第二个关键帧，并修改"位置"选项中X值的参数为"693"，如图3-37所示。单击"播放"按钮，预览卷轴移动是否与图片伸展位置一致，如果出现不同步的现象，可以给卷轴再添加一个相应的关键帧。

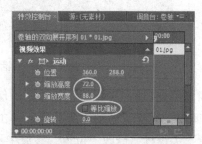

图3-34　设置"视频1"中图片的"缩放比例"

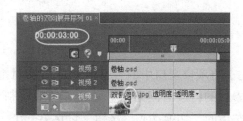

图3-35　添加转场特效后的时间轴显示

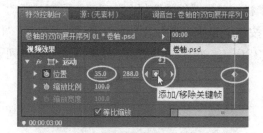

图3-36　添加关键帧

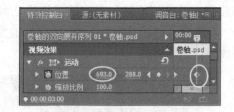

图3-37　添加右轴的关键帧

8）单击"播放"按钮，预览效果。

9）执行"文件"→"导出"→"媒体"命令，导出相应格式的视频文件。

10）保存项目文件。执行"项目"→"项目管理"命令，导出项目文件于相应的目录中。

技能实战3　个性倒计时效果——"时钟式划变"转场特效应用

技能实战描述：这里实现倒计时数字显示的效果。

技能知识要点：新建项目与序列；利用"字幕"命令制作倒计时数字；利用"视频切换"特效中"擦除"分项中的"时钟式划变"转场特效制作倒计时效果。

技能实战步骤

（1）制作数字字幕

1）双击桌面上Premiere Pro CS6软件的快捷图标，启动Premiere Pro CS6软件。在项目名称文本框中输入"个性倒计时"，在弹出的新建序列文件名称文本框中输入"个性倒计时序列01"，"序列预设"为"DV—PAL"下的"标准48kHz"。

2）在"项目"窗口中右击，在弹出的快捷菜单中，执行"新建分项"→"字幕"，打开"新建字幕"对话框，在"名称"文本框中输入"1"，如图3-38所示。单击"确定"按钮，弹出字幕编辑面板，如图3-39所示。

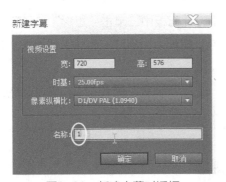

图3-38　新建字幕对话框

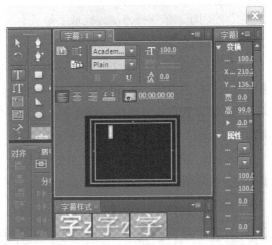

图3-39　字幕面板

3）在字幕面板中单击"输入工具" ，输入数字"1"。选择"字幕属性"面板，展开"属性"选项，设置字体；展开"填充"选项，设置填充类型为"线性填充"，填充颜色为"黄"到"红"；展开"描边"选项，单击"内侧边"右侧的"添加"，设定类型为"凸起"，颜色为实色"黄"色；单击"外侧边"右侧的"添加"，设定类型为"凸起"，颜色为实色"红"色，如图3-40所示。在字幕窗口中的效果如图3-41所示。关闭字幕面板，完成数字"1"字幕的创建。

图3-40　字幕属性面板

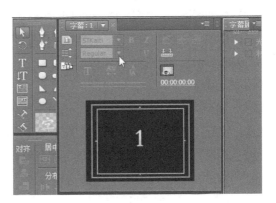

图3-41　字幕面板

4）在项目窗口中右击数字"1"素材，选"复制"命令，在项目窗口的空白地方右击，选择"粘贴"命令，右击刚复制的数字"1"，执行"重命名"命令，命名为"2"，双击素材"2"，打开字幕窗口，选定字幕面板中央的"1"，输入数字"2"，关闭字幕面板，完成字幕"2"的创建。依同样方法，完成字幕"3""4""5""6""7""8""9"的创建。

（2）制作白色背景

1）执行"文件"→"新建"→"字幕"命令，弹出"新建字幕"对话框，在"名称"文本框中输入"白色背景"，单击"确定"按钮。在字幕设计面板中，单击"矩形"工具，绘制一个和字幕窗口一样大的白色矩形。在"字幕属性"面板中，展开"属性""填充"和"描边"，设置"颜色"为白色，如图3-42所示。

2）单击"直线"工具，展开"填充"选项，设置"线宽"为"5"，填充颜色为"黑"色，在字幕窗口中绘制两条垂直的直线，如图3-43所示。

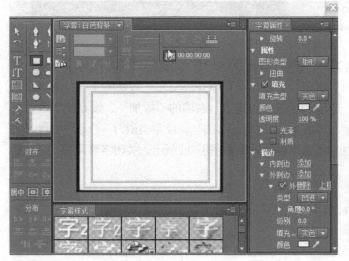
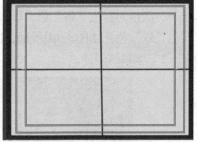

图3-42　制作白色矩形图形　　　　　　　图3-43　制作垂直的直线

3）单击"椭圆形"工具，按住<Shift>键，绘制第一个圆，单击"垂直居中"按钮和"水平居中"按钮，使得圆形图形处于居中状态。在"字幕"属性面板中，设置"图形类型"为"关闭曲线"，线宽为"5"，填充颜色为"实色（黑色）"。用同样的方法，再绘制第2个圆并设置其属性，如图3-44所示。

（3）制作黑色背景

在"项目"窗口中，右击"白色背景"素材，选择"复制"命令，在"项目"窗口中的空白地方右击，执行"粘贴"命令，右击刚复制的"白色背景"素材，选择"重命名"命令，重命名为"黑色背景"，双击项目窗口中的"黑色背景"素材，打开字幕面板，分别选定2个直线、2个圆，修改填充颜色为白色，单击选定白色"矩形"修改填充颜色为黑色。制作的黑色背景如图3-45所示。

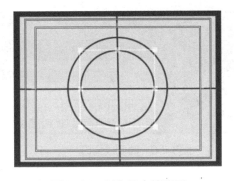

图3-44　制作居中的圆形

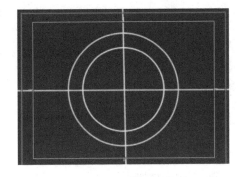

图3-45　黑色背景

（4）制作倒计时效果

1）在项目窗口中的"白色背景"素材拖曳到"视频1"轨上，右击"视频1"轨中的"白色背景"素材，在出现的快捷菜单中选择"速度/持续时间"命令，设定"持续时间"为1s，如图3-46所示。

2）在项目窗口中的"黑色背景"素材拖曳到"视频2"轨上，设定"持续时间"为1s。

3）在项目窗口中的字幕"9"素材拖曳到"视频3"轨上，设定"持续时间"为1s。单击"特效控制台"，调整"位置"参数，使得数字"9"处于"节目"窗口的中央。

4）打开"效果"窗口，展开"视频切换"选项，将"擦除"选项下的"时钟式划变"切换特效拖曳到"视频2"的素材上。此时，时间线窗口如图3-47所示。节目窗口如图3-48所示。

图3-46　设置持续时间

图3-47　时间线窗口

图3-48　节目窗口

5）框选"时间线"窗口中的"白色背景"和"黑色背景"，如图3-49所示。按〈Ctrl+C〉组合键复制框选的素材，按〈End〉键，指针移动到当前视频轨的尾部，再按〈Ctrl+Shift+V〉组合键粘贴插入，连续8次粘贴插入，完成背景素材的加载。

6）将"项目"窗口中的数字"8"素材，拖曳到"视频3"轨中，右击数字"9"素材，选择"复制"命令，右击数字"8"，选择"粘贴属性"命令，鼠标置于数字"8"素材的结束点，待鼠标变成◄形状时，向左拖动，使得素材时长为1s时为止。依照同样方法，将"项目"窗口中的数字"7"素材、数字"6"、数字"5"、数字"4"、数字"3"、数字"2"、数字"1"依次加载到"视频3"轨中，并复制属性。时间线窗口如图3-50所示。

图3-49　框选两个素材

图3-50　时间线窗口

（5）视频素材加载

在"项目"窗口中双击，弹出"导入"对话框，选择"南极大冒险.mov"视频素材，单击"打开"按钮，导入素材。按<End>键，将当前指针置于"视频1"的结束点，将"南极大冒险.mov"视频素材拖到"视频1"轨中。

（6）预览效果

单击"节目"窗口中的"播放"按钮，预览效果。

（7）保存项目文件

执行"项目"→"项目管理"命令，选择项目保存的路径，单击"确定"按钮。

▶ 知识拓展

除了前面介绍的转场特效外，转场特效还包括以下几种特效。

（1）伸展

伸展类特效共包括4种视频切换特效。

1）交叉伸展：使素材A逐渐被素材B平行挤压替代。

2）伸展：使素材A从一边伸展开来，然后覆盖覆盖素材B。

3）伸展进入：使素材B在素材A的中心横向伸展。

4）伸展覆盖：使素材B拉伸出现，逐渐代替素材A。

（2）映射

映射类转场特效包括两种使用影像通道作为影片进行转场的特效。

1）通道映射：使素材A或素材B中选择通道并映射到导出的形式来实现。

拖曳"通道映射"到时间线窗口的素材上时，自动弹出"通道映射设置"对话框，如图3-51所示。在图中的下拉列表中可以选择要输出的目标通道和素材通道；双击时间线窗口中添加的"通道映射"转场特效，在"特效控制台"窗口中单击"自定义"按钮，也可以弹出同样的"通道映射设置"对话框进行设置。

2）明亮度映射：将素材A的亮度映射到素材B。

（3）滑动

滑动类转场特效共包括12种转场切换效果。

1）中心合并：使素材A分裂成4块由中心分开并逐渐覆盖素材B。

2）中心拆分：使素材A从中心分裂成4块，向四角滑出。

3）互换：使素材B从素材A的后方向前方覆盖素材A。

4）多旋转：使素材B被分割成若干个小方块旋转放大合成一个完整画面。双击时间线窗口中设置的"多旋转"转场效果，在"特效控制台"中单击"自定义"按钮，弹出"多旋转设置"对话框，如图3-52所示，可以在对话框中设置。

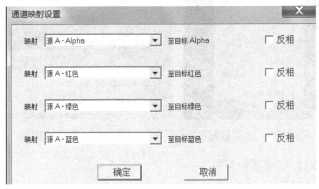

图3-51　"通道映射设置"对话框　　　　　　　图3-52　"多旋转设置"对话框

5）带状滑动：使素材B以条状进入并逐渐覆盖素材A。双击时间线窗口中设置的"带状滑动"转场效果，在"特效控制台"中，单击"自定义"按钮，弹出"带状滑动设置"对话框，如图3-53所示。可以在对话框中设置"带数量"，即输入切换条目数。

6）拆分：使素材A像自动门一样打开露出素材B。

7）推：使素材B将素材A退出屏幕。

8）斜线滑动：使素材B呈自由线条状滑入素材A。双击时间线窗口中设置的"斜线滑动"转场效果，在"特效控制台"中，单击"自定义"按钮，弹出"斜线滑动设置"对话框，如图3-54所示。可以在对话框中设置"切片数量"，即输入转换切片数目。

9）滑动：使素材B滑入并覆盖素材A。

10）滑动带：使素材B在水平或垂直的线条中逐渐显示。

11）滑动框：使素材B的形成像积木的累积效果。

12）漩涡：使素材B打破为若干个方块从素材A中旋转而出。双击时间线窗口中设置的"漩涡"转场效果，在"特效控制台"中，单击"自定义"按钮，弹出"漩涡设置"对话框，如图3-55所示。

图3-53　"带状滑动设置"对话框　　图3-54　"斜线滑动设置"对话框　　图3-55　"漩涡设置"对话框

≫ 巩固与提高

实战延伸　制作"古画的下拉展开"视频，导出WMV格式的视频文件

效果描述：该实训要求根据所给定的素材，制作出符合卷轴的下拉展开效果。视频效果

截图如图3-56和图3-57所示。项目的时间线窗口如图3-58所示。

图3-56　效果截图1

图3-57　效果截图2

图3-58　时间线窗口

素材位置： "项目3/任务/素材/实战延伸素材"。

项目位置： "项目3/纵向下拉轴"。

实战操作知识点：

1）视频素材加载。

2）设置"轴"素材的旋转。

3）设置"轴"素材的位置移动动画。

4）"古画图片"素材的"卷走"转场特效设置。

5）导出WMV格式的视频文件。

6）保存项目。

练习题3

1. 填空题

1）视频切换分为＿＿＿＿＿＿＿＿和＿＿＿＿＿＿＿＿两大类。

2）将"时间线"窗口的当前指针移到要添加转场特效的位置，按组合键＿＿＿＿＿＿，或者执行 "序列" → "＿＿＿＿＿＿＿＿"命令，添加一个默认的"交叉叠化"转场特效。

3）执行"序列" → "＿＿＿＿＿＿＿＿＿"命令，则在所选择的所有素材之间添加了默认的 "交叉叠化"转场特效。

4）转场效果可以应用于两个视频素材或图像素材之间，还可以应用于同一个视频素材或图像 素材的＿＿＿＿＿＿＿＿和＿＿＿＿＿＿＿。

5）在Premiere 中，所有的转场效果均放置于＿＿＿＿＿＿＿＿面板中。

6）在"特效控制台"面板中，可以设置转场的＿＿＿＿＿＿＿、边框宽度以及＿＿＿＿＿＿＿等 属性。

7）选择已经添加的转场效果，按＿＿＿＿＿＿键或＿＿＿＿＿＿键，可将转场删除。

8）要想在视频转场预览播放时显示素材，应选中"特效控制台"中的＿＿＿＿＿＿＿＿选项。

9）通过调整＿＿＿＿＿＿＿＿窗口中的滑块，可以设置视频转场从哪个位置开始或结束。

2. 选择题

1）在两个素材衔接处加入切换效果，两段素材排列错误的是（　　　）。

    A．分别放在上下相邻的两个视频轨道上　　B．两段素材在同一轨道上

    C．可以放在任何视频轨道上　　　　　　D．可以放在用户音频轨道上

2）关于Premiere系统默认切换方式，描述正确的是（　　　）。

    A．初始状态下，默认的切换方式是"叠化"

    B．初始状态下，默认的切换方式是"交叉叠化"

    C．默认的切换方式可以通过"设置默认切换"命令设置

    D．默认的切换方式是无法改变的

3）百叶窗属于（　　）视频切换。

    A．卷页　　　　　　B．划像　　　　　　C．擦除　　　　　　D．叠化

4）时间线轨道上的两段相邻片段，片段A的入点为5s，出点为12s，片段B的入点为12s，出点为18s。这两个片段之间施加一个矩形划像切换，切换的对齐方式为"结束于切点"，切像切换的入点为8s，那么，划像持续的时间为（　　　）。

  A．3s　　　　　　B．4s　　　　　　C．8s　　　　　　D．10s

项目4 字幕制作

学习目标

➤ 掌握字幕面板的组成及字幕工具的使用方法。

➤ 掌握静态字幕的创建方法。

➤ 掌握字幕的编辑及插入标志的方法。

➤ 掌握动态字幕的创建及设置方法。

字幕是影视作品中不可或缺的内容，大家经常看到在影视作品的开始和结尾有剧情介绍和演职员说明，以及配音的文字等。制作影视作品离不了字幕的制作，漂亮的字幕设计，不仅提供给观众影视作品的相关信息，同时还会给影视作品增色不少。

任务1　静态字幕制作

从大的方面来讲，字幕包括文字和图像两部分。在创建字幕时，可以在字幕中插入图片标记，可以对图片进行边框处理，也可以利用字幕绘制图形。

▶ 知识准备

1. 创建字幕的方法

1）执行"文件"→"新建"→"字幕"命令，打开"新建字幕"对话框，如图4-1所示。单击"确定"按钮，弹出"字幕设计"面板，如图4-2所示。

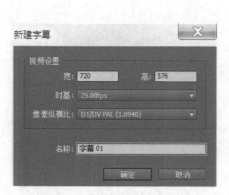

图4-1　"新建字幕"对话框

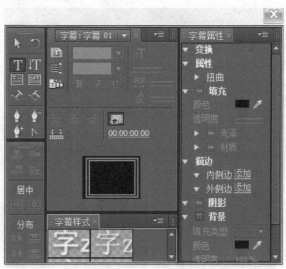

图4-2　"字幕设计"面板

2）执行"字幕"→"新建字幕"→"默认静态字幕"命令，打开"新建字幕"对话框，单击"确定"按钮，弹出"字幕设计"面板。

3）在"项目"窗口中右击，在弹出的快捷菜单中，选择"新建分项"→"字幕"命令，打开"新建字幕"对话框，单击"确定"按钮，弹出"字幕设计"面板。

4）单击"项目"窗口下端的"新建分项"按钮，在弹出的菜单中，选择"字幕"命令，打开"新建字幕"对话框，单击"确定"按钮，弹出"字幕设计"面板。

2. "字幕设计"面板

Premiere Pro CS6的"字幕设计"面板主要有字幕工具栏、字幕控制按钮区、字幕动作区、字幕工作区、字幕属性区、字幕样式区，如图4-3所示。

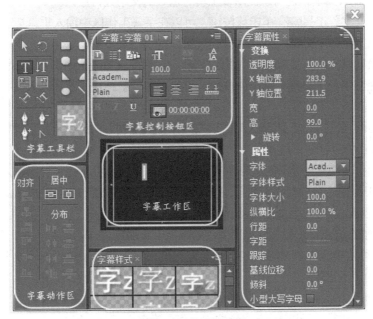

图4-3 字幕设计面板

1）字幕工具栏：用来创建和编辑各种字幕文本、绘制基本几何图形。

2）字幕控制按钮区：用于选择字幕的运动类型、设置字幕的模板、显示样本帧等。

3）字幕动作区：设置字幕的对齐方式或者分布文字。

4）字幕工作区：是制作字幕和绘制图形的工作区域，在字幕工作区中，有两个白色的矩形线框，其中内线框是字幕安全框，外线框是字幕动作安全框。如果文字或者图像放置在外线框之外，可能会造成模糊或变形现象，也可能造成不会完整显示内容。

如果字幕工作区没有显示安全区域线框，可执行"字幕"→"查看"→"字幕安全框"命令。

5）"字幕"属性区：用来设置字幕对象的大小、字体、颜色等相关属性。

6）字幕样式区：包含了各种已经预设好的字幕效果和字体效果。

3. 字幕工具栏

字幕工具栏，如图4-4所示。利用字幕工具栏可以为影片添加标题及文本、绘制几何图形、定义文本样本等。

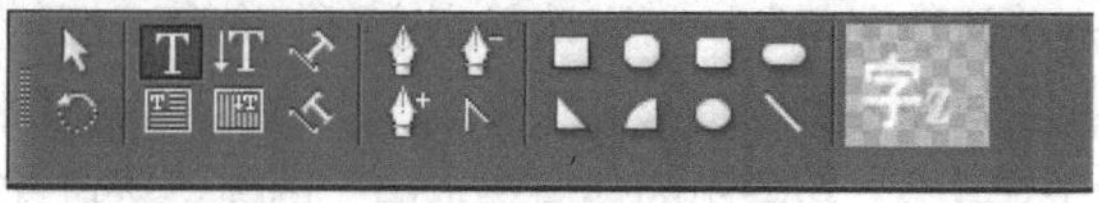

图4-4　字幕工具栏

1）"选择"工具：用于选择某个对象或文字。选中某个对象后，会出现带有8个控制手柄的矩形，拖曳控制手柄可调整对象的大小；按住鼠标左键拖曳对象，可调整对象的位置。

2）"旋转"工具：对所选对象进行旋转操作。先选中某个对象，然后单击"旋转"工具，鼠标变成形状，按住鼠标左键并拖曳可旋转对象。

3）"输入"工具：单击该按钮，再在字幕工作区中单击，出现文字输入光标，在闪烁的光标位置可以输入文字，也可以使用该工具对输入的文字进行修改。

4）"垂直文字"工具：单击该按钮，可以在字幕工作区中输入垂直文字。

5）"区域文字"工具：单击该按钮，可以拖曳出文本框。

6）"垂直区域文字"工具：单击该按钮，在字幕工作区拖曳出垂直文本框。

7）"路径文字"工具：单击该按钮，可先绘制一条路径，然后输入文字，且输入的文字平行于路径。

8）"垂直路径文字"工具：单击该按钮，可先绘制一条路径，然后输入文字，且输入的文字垂直于路径。

9）"钢笔"工具：用于创建路径或调整使用平行或垂直路径工具所输入文字的路径。将钢笔工具置于路径的定位点或手柄上，可以调整定位点的位置和路径的形状。

10）"删除定位点"工具：在已创建的路径上删除定位点。

11）"添加定位点"工具：在已创建的路径上添加定位点。

12）"转换定位点"工具：用于调整路径的形状，将平滑定位点转换为角定位点，或将定位点转换为平滑定位点。

13）"矩形"工具：单击该按钮，可以拖曳出一个矩形。

14）"圆角矩形"工具：单击该按钮，可以拖曳出圆角矩形。

15）"切角矩形"工具：单击该按钮，可以拖曳出切角矩形。

16）"圆矩形"工具：单击该按钮，可以拖曳出圆矩形。

17）"楔形"工具：单击该按钮，可以拖曳出三角形。

18）"弧形"工具：单击该按钮，可以拖曳出圆弧，即扇形。

19）"椭圆"工具：单击该按钮，可以拖曳出椭圆形。

20）"直线"工具：单击该按钮，可以拖曳出直线。

注意

1）在字幕工作区窗口中输入文字时，出现如图4-5所示的空白方格，不能显示的文字，说明选择的字体不能显示这个字，可以选定这些字，在右侧"字幕属性"框中的"字体"下拉列表中，选择另一种能完整显示的字体，如图4-6所示。

2）在绘制图形时按住<Shift>键，使用"矩形"工具，可绘制正方形；使用"椭圆"工具，可以绘制圆；使用"直线"工具，可以绘制水平线、垂直线或与水平线成45°角的直线。

图4-5 不能显示的文字　　　　　　　图4-6 可以显示的字体

4．创建文字对象

1）执行"文件"→"新建"→"字幕"命令，打开"新建字幕"对话框，如图4-1所示，在对话框中，输入字幕名称，单击"确定"按钮。

2）在弹出的"字幕设计"面板中，如果有背景显示，可以单击"字幕控制按钮区"中的"显示视频背景"按钮 00:00:00:00，关闭背景的显示。单击"输入"工具T或其他输入工具，在"字幕工作区"中输入"人工天河红旗渠"，选定输入的文字，在右侧"文字属性设置栏"中设置"字体"为 CTKaiTiSJ、"字体大小"为"76"、"字距"为"-9"、"填充类型"为"实色"，"颜色"选"红"色。

3）在"字幕动作区"中单击"垂直居中"按钮 和"水平居中"按钮 。

4）单击关闭按钮 ，完成字幕的创建，如图4-7所示。在"项目"窗口中存在一个素材文件"字幕01"，如图4-8所示，它的图标与图片素材的图标一致，所以字幕可以按照图片素材的方法进行加载和设置。

图4-7 完成后的字幕　　　　　　　图4-8 在项目窗口中的字幕素材

5．图形转换与插入标志

字幕设计面板中，在绘制的图形上右击，弹出如图4-9所示的快捷菜单，在"图形类型"子菜单中选择对应的命令，可以在各图形之间转换。

1）绘制封闭曲线：使用"椭圆"（或其他）工具，在字幕设计面板中拖曳出一个实心填充的椭圆（或其他图形），在右侧"字幕属性"栏中的"图形类型"的下拉菜单中，选择"关闭曲线"，就变成了一个椭圆形（或其他图形）的封闭曲线，如图4-10所示。

2）插入椭圆形（或其他图形）的图片：使用"椭圆"（或其他图形）工具，在字幕设计面板中拖曳出一个实心填充的椭圆（或其他图形），在右侧"字幕属性"栏中，勾选"材质"选项 ☑材质，展开"材质"选项左边的三角形，双击"材质"右边的"标记位图"按钮 材质 ，在弹出的"选择材质"对话框中，选择要插入的图片，单击"打开"按钮，椭圆就变成了一个椭圆形图片，如图4-10所示。

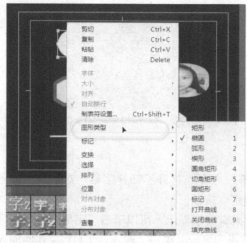

图4-9　图形类型的快捷菜单　　　　　图4-10　图形转换与插入标志效果

3）插入一张图片：使用字幕工具栏中的任何一种绘图工具进行绘图，单击右侧"字幕属性"栏中的"图形类型"下拉列表按钮 图形类型　标记　▼ ，选择"标记"，双击"标记位图"右侧的按钮 标记位图 ，在弹出的"选择材质"对话框中，选择要插入的图片，单击"打开"按钮，原来绘制的图形就变成了一张矩形图片，如图4-10所示，可以对图片进行放大或缩小。

4）在文字之间插入一个Logo：鼠标指针在要插入标记的文字之间右击，在弹出的快捷菜单中，执行"标记"→"插入标记到文字"命令，在弹出的对话框中选择要插入的标记图片，单击"打开"按钮即可，如图4-10所示。

▶▶ 任务实施

技能实战1　《红旗渠》影片简介——静态字幕应用

技能实战描述：本案例制作《红旗渠》影片简介的素材，然后播放影片。效果如图4-11所示。

技能知识要点：新建项目与序列；制作字幕，在字幕中插入标记。

技能实战步骤：

图4-11　《红旗渠》影片简介

1）双击桌面上Premiere Pro CS6软件的快捷图标，启动Premiere Pro CS6软件。在项目名称文本框中输入"红旗渠"，在弹出的新建序列文件名称文本框中输入"红旗渠序列01"，"序列预设"为"DV—PAL"下的"标准48kHz"。

2）执行"文件"→"新建"→"字幕"命令，打开"新建字幕"对话框，如图4-12所示。在对话框的"名称"文本框中，输入"红旗渠"，单击"确定"按钮，弹出字幕制作窗口，如图4-13所示。

3）添加字幕背景：在"字幕工作区"中单击鼠标右键，在弹出的快捷菜单中执行"标记"→"插入标记"命令，在弹出的"导入图像为标记"对话框中，选择素材文件夹中的"背景.tga"文件，如图4-14所示。单击"打开"按钮，然后调整背景图片的大小，如图4-15所示。

4）单击"输入"工具 **T**，在"字幕工作区"单击，输入"红旗渠"，在右侧"字幕属性"栏中设置"字体"为 CTXingK...，"字体大小"为"128"，填充"颜色"为"黄色"，移动该字幕居左。

图4-12　"新建字幕"对话框

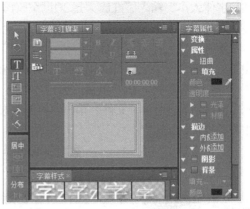

图4-13　字幕制作窗口

图4-14　"导入图像为标记"对话框

图4-15　导入的标记图片

5）在字幕的右侧，绘制一个椭圆，在右侧"字幕属性"栏中，选中"材质"复选框，展开"材质"左侧的三角形，如图4-16所示。双击"材质"右侧的"标记"图片框，打开"材质选择"对话框，如图4-17所示。选择素材中的"青年洞.jpg"图片，单击"打开"按钮，效果如图4-18所示。

6）制作文字简介。单击"区域文字"工具 ，在字幕工作区拖曳出一个区域，按
<Shift+Space>组合键，确保输入法是全角状态，按空格键两次，空出两个字的位置，然后设
定字体和字体大小，输入"红旗渠是20世纪60年代，林县（今河南林州市）人民在极其艰难
的条件下，从太行山腰修建的引漳入林工程，全国重点文物保护单位，被人称之为"人工天
河"，本案例设定字体为"楷体"，大小为"30"，行距为"10"，填充颜色为"黑色"。
效果如图4-19所示，关闭字幕制作窗口，完成字幕制作。

7）导入影片素材。在"项目"窗口中右击，执行"导入"命令，选择素材文件夹中的
"定叫山河换新装.mp4"文件，单击"打开"按钮，导入到项目窗口中，此时"项目"窗口
显示如图4-20所示。

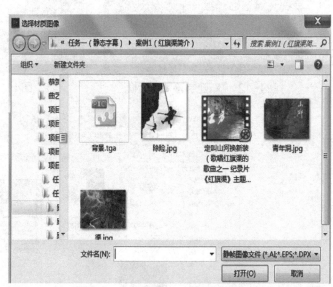

图4-16　字幕属性　　　　　图4-17　"选择材质图像"对话框

图4-18　字幕效果

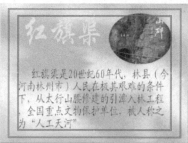
图4-19　字幕效果图

图4-20　"项目"窗口

8）素材加载到时间线上。将"项目"窗口中的字幕素材"红旗渠"拖曳到"时间线"窗
口的"视频1"轨中，右击"视频1"轨中的"红旗渠"，设定"速度/持续时间"为3s。

按<End>键，当前指针移到出点处，再将"项目"窗口中的"定叫山河换新装.mp4"素材
拖到"视频1"轨中，右击该素材，在弹出的快捷菜单中执行"缩放为当前画面大小"命令。

9）单击"节目"窗口中的"播放"按钮，预览效果。

10）保存项目。执行"项目"→"项目管理"命令，保存项目文件。

技能实战2 《九寨沟——芦苇海》——字幕与音画对位

技能实战描述： 根据《九寨沟——芦苇海》视频的解说，制作相应的解说词字幕，实现字幕与音画对位，视频效果如图4-21所示。

技能知识要点： 新建项目与序列；制作字幕，字幕与解说声音对位。

技能实战步骤：

1）双击桌面上Premiere Pro CS6软件的快捷图标，启动Premiere Pro CS6软件。在项目名称文本框中输入"芦苇海"，在弹出的新建序列文件名称框中输入"芦苇海序列01"，"序列预设"为"DV—PAL"下的"标准48kHz"。

图4-21 字幕与音画对位

2）首先通过播放视频，整理记录好解说词，建立一个文本文件"芦苇海解说词.txt"，在建立的文本文件中，每句解说词占一行。本段视频的解说词为：

　　眼前这一片金黄色的芦苇海
　　让每个前来的人
　　都会在此停下脚步
　　流连忘返
　　由于海拔已经达到
　　两千一百四十公尺
　　此处的芦苇
　　不像低海拔地方的那么高大
　　这也是芦苇海的
　　一种特殊的景观
　　最为奇特的是
　　在芦苇海中间
　　有一条飘逸的水带
　　蜿蜒穿行于芦苇海中
　　把芦苇海平分成两半
　　这条水带
　　有着美玉一般的光泽和色彩
　　所以被称为玉带河
　　现在我们所到的景点呢
　　叫芦苇海
　　此地的海拔达到了2140米

3）导入视频素材：在"项目"窗口中双击，弹出"导入"对话框，选择素材文件夹中的"芦苇海.mov"文件，单击"打开"按钮，完成素材导入任务。

4）制作解说词字幕

① 制作第1句解说词字幕。

在"项目"窗口中单击鼠标右键，在弹出的快捷菜单中，执行"新建分项"→"字幕"命令，弹出"新建字幕"对话框，在"名称"文本框中输入"眼前这一片金黄色的芦苇海"，如图4-22所示，单击"确定"按钮。

在弹出的"字幕制作"窗口中，单击文字"输入"工具

图4-22　"新建字幕"对话框

T，在"字幕工作区"的下端单击，设定"字体"为"经典中圆简"，"字体大小"为35，"填充颜色"为"白色"，打开素材文件夹中的文本文件"芦苇海解说词.txt"，复制第1句解说词"眼前这一片金黄色的芦苇海"，在"字幕制作"窗口中，单击鼠标右键，执行"粘贴"命令，完成后的效果如图4-23所示。关闭"字幕制作"窗口，第1句解说词字幕就存在于"项目"窗口中了。

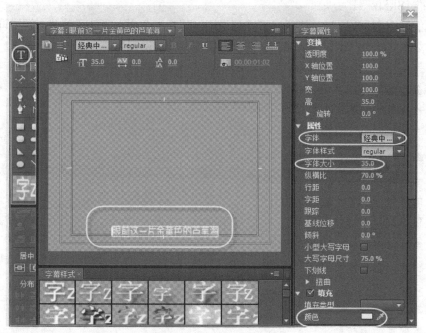

图4-23　字幕制作面板

② 制作第2句解说词字幕。

右键单击"项目"窗口中的字幕素材"眼前这一片金黄色的芦苇海"，执行"复制"命令，再在"项目"窗口中单击鼠标右键，执行"粘贴"命令，就复制了第1句解说词字幕，如图4-24所示。

在"项目"窗口中，右键单击刚复制的字幕文件，在弹出的快捷菜单中，执行"重命名"命令，重命名为"让每个前来的人"，虽然字幕名称换名了，但内容没有改变。

打开素材文件夹中的文本文件"芦苇海解说词.txt"，复制第2句解说词"让每个前来的人"，第2句文字存放到剪贴板中了。在"项目"窗口中，双击刚复制的字幕，单击文字"输入"工具**T**，拖曳选定文字"眼前这一片金黄色的芦苇海"，如图4-25所示。

然后，右键单击选定的文字，执行"粘贴"命令，或者按<Ctrl+V>组合键，这样，文字

就进行了替换，如图4-26所示。这样可以保证所制作的字幕格式相同，单击字幕制作窗口右上角的"关闭"按钮 X ，关闭字幕制作面板，完成第2句解说词字幕的制作。

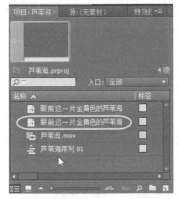
图4-24　项目窗口

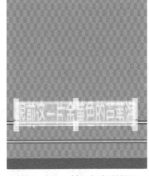
图4-25　第1句解说词

图4-26　第2句解说词

③ 制作其他解说词字幕。

依照②的方法，依次制作其他解说词字幕。

5）将"项目"窗口中的"芦苇海.mov"素材拖曳到时间线窗口的"视频1"轨中，单击"节目"窗口中的"播放"按钮，当听到第1句解说词的第一个字的声音时，及时按"播放"按钮，暂停播放。单击"逐帧退"按钮 ◀ ，调整当前指针位置，将"项目"窗口中的第1句字幕"眼前这一片金黄色的芦苇海"拖曳到"视频2"轨中，当听到第1句解说词的最后一个字的声音时，确定该字幕的出点位置，光标置于该字幕的出点处，变成 ◀ 形状时，向左拖动，缩短并调整字幕的时间长短。

依次类推，将其他字幕加入到"视频2"轨中，完成字幕的加载任务，时间线窗口如图4-27所示。

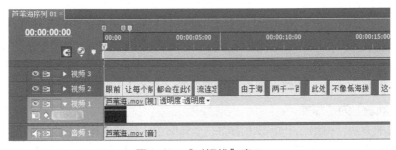
图4-27　"时间线"窗口

6）单击"节目"窗口中的"播放"按钮，预览效果。

7）保存项目文件。

执行"项目"→"项目管理"，选择项目保存的路径，单击"确定"按钮。

技能实战3　图表制作——字幕绘图工具应用

技能实战描述：利用字幕的绘图工具，绘制图表，效果如图4-28所示。

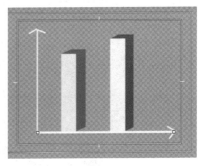
图4-28　图表

技能知识要点：新建项目与序列；制作图形字幕。

技能实战步骤：

1）双击桌面上Premiere Pro CS6软件的快捷图标，启动Premiere Pro CS6软件。在项目名称文本框中输入"图表"，在弹出的新建序列文件名称文本框中输入"图表序列01"，"序列预设"为"DV—PAL"下的"标准48kHz"。

2）执行"文件"→"新建"→"字幕"命令，打开"新建字幕"窗口，如图4-29所示。单击"确定"按钮，弹出"字幕制作"面板窗口。

3）绘制坐标轴。在"字幕制作"面板中，单击"直线"工具，按住<Shift>键并拖动鼠标，画出一条水平线和一条垂直线，单击"钢笔"工具在两条线的顶端各绘制一个箭头，如图4-30所示。

图4-29 "新建字幕"对话框

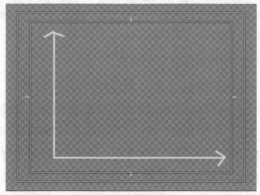

图4-30 绘制坐标轴

4）选择"矩形"工具，绘制一个矩形并在右侧属性面板中设置要填充的颜色"浅黄色"，如图4-31所示。

5）选中刚绘制的矩形，按<Ctrl+C>组合键进行复制，再按<Ctrl+V>进行粘贴，将新复制的矩形，连续按光标右移键"→"进行移动，并调整矩形的高度。如图4-32所示。

6）添加立体效果。选中第一个矩形，在右侧的属性面板中，展开"描边"选项，单击"外侧边"后面的"添加"按钮，设定"类型"为"深度"；"大小"为35，；"角度"为335，填充"颜色"为"深绿"。

利用同样的方法，将第二个矩形也添加一个外侧边，形成立体柱状图，如图4-33所示。

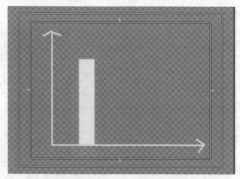

图4-31 绘制矩形

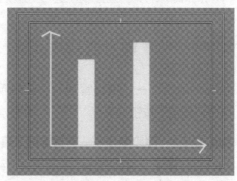

图4-32 复制矩形

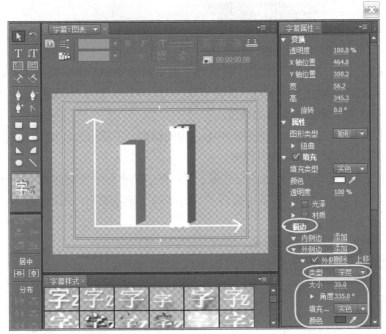

图4-33 设置立体矩形

7）单击"字幕制作面板"右上角的"关闭"按钮，完成图表的制作。

≫ 知识拓展

设置字幕属性

"字幕属性"面板可以对字幕文字进行修饰，包括调整其位置、透明度、字体、大小、颜色、阴影等。属性设置面板包括六个部分，分别为"变换""属性""填充""描边""阴影"和"背景"。

（1）变换设置

"字幕属性"设置面板的"变换"栏中可以对字幕文字或图形的透明度、位置、高度、宽度、旋转等属性进行设置，如图4-34所示。

1）"透明度"：设置字幕文字或图形的不透明度。

2）"X轴位置/Y轴位置"：设置文字在画面中所处的位置。

3）"宽/高"：设置文字的宽度或高度。

4）"旋转"：设置文字旋转的角度。

（2）属性设置

"属性"栏中可以对字幕文字的字体、大小、外观及字距、扭曲等属性进行设置，如图4-35所示。

1）"字体"：在其下拉列表中可以选择字体。

2）"字体样式"：在其下拉列表中可以设置字体类型。

3）"字体大小"：设置文字的大小。

4）"纵横比"：设置文字进行比例缩放。

5）"行距"：设置文字的行间距。

6）"字距"：设置文字之间的水平间距。

7）"跟踪"：与"字距"类似，两者的区别是对选择的多个字符进行字间距的调整，"字距"选项会保持选择的多个字符的位置不变，向右平均分配字符间距，而"跟踪"选项会均匀分配所选择的每一个相邻字符的位置。

8）"基线位移"：设置文字偏离水平中心线的距离，主要用于创建文字的上标和下标。

9）"倾斜"：设置文字的倾斜程度。

10）"小型大写字母"：勾选该复选框，可将所选的小写字母变成大写字母。

11）"大写字母尺寸"：该选项配合"大写字母"选项使用，可以将显示的大写字母放大或缩小。

12）"下划线"：勾选此复选项，可以为文字添加下划线。

13）"扭曲"：用于设置文字在水平或垂直方向的变形。

图4-34 "变换"设置

图4-35 "属性"设置

（3）填充设置

"填充"栏主要用于设置字幕文字或图形的填充类型、色彩和透明度等属性，如图4-36所示。"填充类型"分为"实色""线性渐变""放射渐变""4色渐变""斜面""消除"和"残像"。

1）"实色"：使用一种颜色进行填充。可以复选"光泽"选项，添加辉光效果；可以复选"材质"选项，使用位图进行文字或图形的填充。

2）"线性渐变"：使用两种颜色进行线性渐变填充。"颜色"选项变为渐变颜色栏，分别单击选择一个颜色块，再单击"色彩到色彩"选项颜色快，在弹出的对话框中对渐变开始和渐变结束的颜色进行设置。

图4-36 "填充"设置

3）"放射渐变"：该填充方式与"线性渐变"相似，而"放射渐变"则使用两种颜色填充后产生由中心向四周辐射的过渡。

4）"4色渐变"：使用4种颜色的渐变过渡来填充字幕文字或图形，每种颜色占据文本的一个角。

5）"斜面"：使用一种颜色填充高光部分，另一种颜色填充填充阴影部分，再通过添加灯光应用可以使文字产生斜面，效果类似于立体浮雕。

6）"消除"：将文字的实体填充的颜色消除，文字为完全透明。如果为文字添加了描边，采用该方式填充，则可以制作空心的线框文字效果，如果为文字设置了阴影，选择该方式，则只能留下阴影的边框。

7）"残像"：使得填充区域变为透明，只显示阴影部分。

（4）描边设置

描边用于设置文字或图形的描边效果可以设置内边框和外边框，如图4-37所示。单击"内侧边"或"外侧边"的"添加"按钮，添加需要的描边效果。

在"类型"下拉列表中选择描边模式。

1）"深度"：可以在"大小"参数选项中设置边缘的宽度，在"颜色"参数中设定边缘的颜色，在"透明度"参数选项中设置描边的不透明度，在"填充类型"下拉列表中设定描边的填充方式。

2）"凸起"：可以使字幕文字或图形产生一个厚度，呈现立体字的效果。

3）"凹进"：可以使字幕文字或图形产生一个分离的面，类似于产生透视的投影。

图4-37 "描边"设置

（5）阴影设置

使得文字产生阴影效果，如图4-38所示。

1）"颜色"：设置阴影的颜色。

2）"透明度"：设置阴影的不透明度。

3）"角度"：设置阴影的角度。

4）"距离"：设置文字与阴影之间的距离。

5）"大小"：设置阴影的大小。

6）"扩散"：设置阴影的扩展程度。

图4-38 "阴影"设置

▶▶ 巩固与提高

实战延伸1　制作"中国梦"辉光效果的字幕

效果描述：制作出"中国梦"带辉光效果的字幕，效果如图4-39所示。

图4-39　效果截图

素材位置："项目4 /任务1/素材/实战延伸1素材"。

项目位置："项目4/实战延伸1"。

实战操作知识点：

1）执行"字幕"→"新建字幕"→"默认静态字幕"命令，命名字幕为"中国梦"。

2）单击字幕输入工具**T**，选择字体为"SimHei"，输入文字"中国梦"。

3）在字幕属性中，勾选"填充"，"填充类型"为"实色"，"颜色"为"紫"色。

4）在字幕属性中，勾选"光泽"复选框，展开"光泽"选项，"颜色"选择"黄"色，"大小"设置为50，"角度"设置为30，"偏移"设置为30。

5）在"项目"窗口中导入"背景"图片素材。

6）将"背景"图片素材拖曳到"视频1"轨道，将字幕素材"中国梦"拖曳到"视频2"轨，在"特效控制台"中，通过设置"运动"选项下的"位置"参数，调整字幕在"节目"窗口中的位置。

7）为"视频2"轨中的字幕素材添加"辉光"特效。将"效果"→"视频特效"→"风格化"→"Alpha辉光"特效拖曳到"视频2"轨中的字幕素材上，在"特效控制台"中，调整"Alpha辉光"特效下的4个参数。

实战延伸2　制作"九寨沟"阴影效果的字幕

效果描述：制作出"九寨沟"带阴影效果的字幕，效果如图4-40所示。

图4-40　效果截图

素材位置："项目4 /任务1/素材/实战延伸2素材"。

项目位置："项目4/实战延伸2"。

实战操作知识点：

1）执行"字幕"→"新建字幕"→"默认静态字幕"命令，命名字幕为"九寨沟"。

2）单击字幕输入工具**T**，选择字体为"SimHei"，输入文字"九寨沟"，改变"字距"，使得文字显示更清晰。

3）在字幕属性中，勾选"填充"，"填充类型"为"实色"，"颜色"为"紫"色。

4）在字幕属性中，勾选"阴影"复选框，展开"阴影"选项，"颜色"选择"黑"色，"透明度"设置为"80%"、"角度"设置为0、"距离"设置为10、"大小"设置为10，

"扩散"设置为40。

5）在"项目"窗口中导入"九寨沟"图片素材。

6）将"九寨沟"图片素材拖曳到"视频1"轨道，将字幕素材"九寨沟"拖曳到"视频2"轨，在"特效控制台"中，通过设置"运动"选项下的"位置"参数，调整字幕在"节目"窗口中的位置。

实战延伸3　制作"海上日出"闪光样式的字幕

效果描述：制作出"海上日出"闪光效果的字幕，效果如图4-41所示。

图4-41　效果截图

素材位置：　"项目4 /任务1/素材/实战延伸3素材"。

项目位置：　"项目4/实战延伸3"

实战操作知识点：

1）执行"字幕"→"新建字幕"→"默认静态字幕"命令，命名字幕为"海上日出"。

2）单击字幕输入工具 **T**，选择字体为"经典特黑简"，输入文字"海上日出"。

3）在字幕属性中，勾选"填充"，"填充类型"为"实色"，"颜色"为"蓝"色，"大小"为120，将文字移到屏幕的中部。

4）在字幕属性中，勾选"光泽"复选框，此时文字表面会出现一道白色闪光，展开"光泽"选项，"颜色"选择"白"色，"透明度"设置为"100%"、"角度"设置为136、"大小"设置为100。

5）在"项目"窗口中导入"海上日出"图片素材。

6）将"海上日出"图片素材拖曳到"视频1"轨道，将字幕素材"海上日出"拖曳到"视频2"轨，在"特效控制台"中，通过设置"运动"选项下的"位置"参数，调整字幕在"节目"窗口中的位置。

任务2　动态字幕制作

在观看影片时，经常看到屏幕下端的自右向左滚动的字幕以及影片结尾自下而上的上滚文字，显示导演和演员的姓名等。在字幕制作面板中，动态字幕包括滚动字幕和游动字幕。

➤ 知识准备

1. 动态字幕的创建方法

1）执行"文件"→"新建"→"字幕"命令，打开"新建字幕"对话框，输入字幕"名称"，单击"确定"按钮，弹出"字幕制作"面板。

2）在"字幕制作"面板中，单击"滚动/游动选项"按钮，弹出"滚动/游动选项"对话框，如图4-42所示。在对话框中，单击"滚动"或"左游动/右游动"按钮。

"开始于屏幕外"：复选该选项，字幕从屏幕外滚入，至字幕的当前位置时，结束。

"结束于屏幕外"：复选该选项，字幕从屏幕外或当前位置滚入，至字幕外结束。

"预卷"：填入的数字以帧为单位，表示滚动前预停多少帧时间。

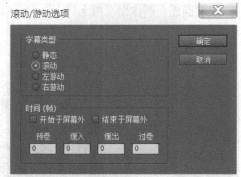

图4-42 "滚动/游动选项"对话框

"过卷"：填入的数字以帧为单位，表示滚动后停留多少帧时间。例如，将"过卷"设为50，滚动后停留50帧，即2s，单击"确定"按钮，并退出字幕窗口。在时间线上播放，如果当前字幕的总长度为5s，字幕从屏幕下方向上滚动到第3s时，画面停留2s时间。

"缓入"：填入的数字以帧为单位，表示在给定的时间内由慢到快，然后匀速运动。

"缓出"：填入的数字以帧为单位，表示在给定的时间内由快到慢，进行减速。

单击"确定"按钮，弹出"字幕制作"面板，单击"输入"工具T或"区域文字"工具，在字幕工作区内输入文字，输入完成后，使用"选择"工具，向下移动文字的位置（确定开始的位置），单击"字幕"窗口的"关闭"按钮，关闭字幕制作面板。

2. 静态字幕与动态字幕的相互转换

在"项目"窗口中，双击静态（或动态）字幕，弹出"字幕"面板，单击"滚动/游动选项"按钮，弹出"滚动/游动选项"对话框，如图4-42所示。在对话框中，单击"滚动"或"左游动/右游动"（或静态）按钮，进行相应的参数设置后，单击"确定"按钮，然后关闭字幕面板。

➤ 任务实施

技能实战1 片尾字幕——上滚字幕

技能实战描述：制作影片片尾字幕，效果如图4-43所示。

技能知识要点：新建项目与序列；制作字幕。

技能实战步骤：

1）双击桌面上Premiere Pro CS6软件的快捷图标，

图4-43 影片片尾字幕

启动Premiere Pro CS6软件。在项目名称文本框中输入"片尾字幕"，在弹出的新建序列文件名称文本框中输入"片尾字幕序列01"，"序列预设"为"DV—PAL"下的"标准48kHz"。

2）在"项目"窗口中单击鼠标右键，在弹出的快捷菜单中选择"新建分项"→"字幕"命令，弹出"新建字幕"对话框，在"名称"文本框中输入"片尾字幕"，如图4-44所示。

3）单击"确定"按钮，弹出字幕制作面板，单击"滚动/游动选项"按钮，弹出"滚动/游动选项"对话框，单击"滚动"选项，复选"开始于屏幕外"和"结束于屏幕外"选项，如图4-45所示。

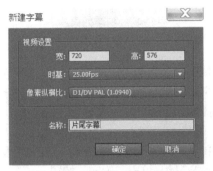

图4-44 "新建字幕"对话框

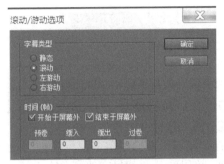

图4-45 "滚动/游动选项"对话框

4）单击"确定"按钮，返回到字幕制作面板，单击"区域文字工具"按钮，在字幕工作区拖曳出一个区域，如图4-46所示。在右侧"字幕属性"框中设置字体为 DFKai-SB，字体大小为40，输入相应文字，如图4-47所示。

5）单击字幕制作面板右上角的"关闭"按钮。项目窗口中显示"片尾字幕"素材。

6）将项目窗口中的"片尾字幕"素材拖曳到时间线窗口中的"视频1"轨中。单击节目窗口中的"播放"按钮，观看效果。

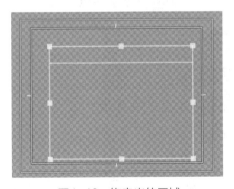

图4-46 拖曳出的区域

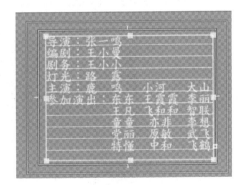

图4-47 输入文字并设置字体与大小

技能实战2 模拟打字效果——字幕添加遮罩

技能实战描述：制作模拟打字效果的字幕，效果如图4-48和图4-49所示。

技能知识要点：新建项目与序列；素材导入；制作字幕；添加"8点无用信号遮罩"视频特效；设置关键帧。

图4-48　打字效果1　　　　　　　　　图4-49　打字效果2

技能实战步骤：

1）双击桌面上Premiere Pro CS6软件的快捷图标，启动Premiere Pro CS6软件。在项目名称文本框中输入"模拟打字"，在弹出的新建序列文件名称文本框中输入"模拟打字序列01"，"序列预设"为"DV—PAL"下的"标准48kHz"。

2）导入素材。

在"项目"窗口中单击鼠标右键，在快捷菜单中，选择"导入"命令，在打开的"导入"对话框中，选择素材文件夹中的"01.mov"背景素材，单击"确定"按钮。

3）制作字幕。

① 打开素材文件夹中的"文字.txt"，按<Ctrl+A>组合键全选所有文字，按<Ctrl+C>组合键进行复制文字。

② 在"项目"窗口中单击鼠标右键，在快捷菜单中，选择"新建分项"→"字幕"命令，打开"新建字幕"对话框，输入字幕名称为"字幕01"，单击"确定"按钮，弹出字幕制作窗口，在字幕制作窗口中，单击字幕工具中的"区域文字工具"按钮▤，在字幕工作区中拖曳出一个区域，按<Ctrl+V>组合键进行粘贴文字，选定文字，设定字体为 SimHei ，字体大小为30，行间距为30，字体颜色为"蓝"色，如图4-50所示，关闭字幕窗口。

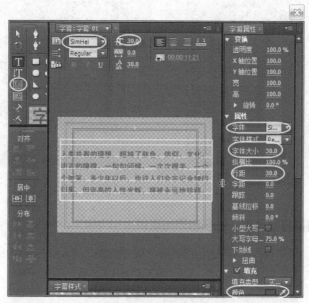

图4-50　制作字幕

4）设置打字效果。

① 将"项目"窗口中的"字幕01"素材拖曳到时间线窗口的"视频2"轨中。因为有4行文字，计划每3s显示一行文字，所以设置"视频2"轨中的"字幕01"素材时长为12s。

② 展开"效果"面板，将"视频特效"→"键控"→"8点无用信号遮罩"特效拖曳到"视频2"轨中的"字幕01"素材上。

③ 单击"特效控制台"选项，将当前指针置于0s处，分别单击"右上顶点""右中切点""下右顶点""下中切点"前面的"切换动画"按钮，如图4-51所示。单击"8点无用信号遮罩"左边的按钮，节目窗口显示如图4-52所示。

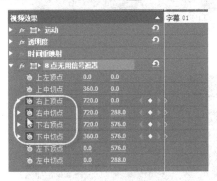

图4-51　特效控制台

图4-52　8点位置及名称

在当前指针0s处，将"上中切点"设置为720，0，"右上顶点"设置为720、166，并在其关键帧上右击，在弹出的快捷菜单中选择"临时插值"→"保持"命令。将"右中切点"设置为42、166；"下右顶点"设置为42、210；"下中切点"设置为0，210，并在其关键帧上单击鼠标右键，在弹出的快捷菜单中选择"临时插值"→"保持"命令，如图4-53所示，设置后的8点位置如图4-54所示。

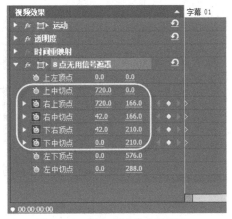

图4-53　第0s处8点参数设置

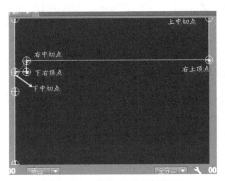

图4-54　第0s处8点新位置

④ 将时间指针置于第2s24帧处，将"右中切点"设置为695、166；将"下右顶点"设置为695、210，如图4-55所示，节目窗口如图4-56所示。

⑤ 将当前指针置于3s处，将"右上顶点"设置为720、210，将"右中切点"设置为35、210，将"下右顶点"设置为35、275；将"下中切点"设置为0、275，如图4-57所

示，节目窗口8点位置显示如图4-58所示。

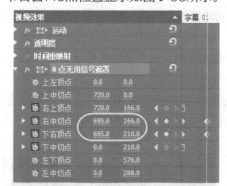

图4-55　第2s24帧处参数

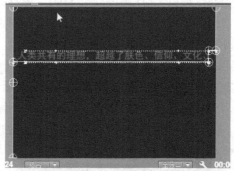

图4-56　第2s24帧处8点位置

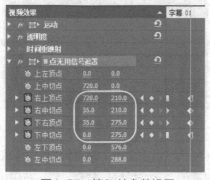

图4-57　第3s处参数设置

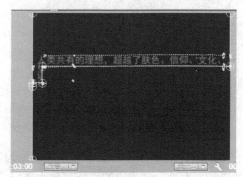

图4-58　第3s处8点位置

⑥ 将当前指针置于第5s24帧处，将"右上顶点"设置为720、210，将"右中切点"设置为695、210，将"下右顶点"设置为695、275；将"下中切点"设置为0、275，如图4-59所示。节目窗口如图4-60所示。

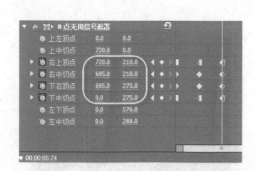

图4-59　第5s24帧时参数设置

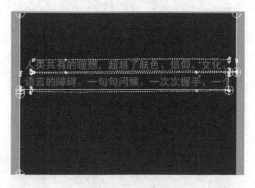

图4-60　第5s24帧处节目窗口显示

⑦ 将时间指针移到第6s处，将"右上顶点"设置为720、275，将"右中切点"设置为35、275，将"下右顶点"设置为35、328；将"下中切点"设置为0、328，如图4-61所示。节目窗口如图4-62所示。

⑧ 将时间指针移到第8s24帧处，将"右上顶点"设置为720、275，将"右中切点"设置为695、275，将"下右顶点"设置为695、328；将"下中切点"设置为0、328，如图

4-63所示。节目窗口如图4-64所示。

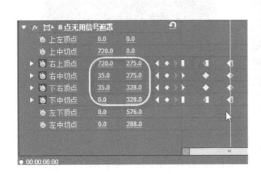

图4-61 第6s处参数设置

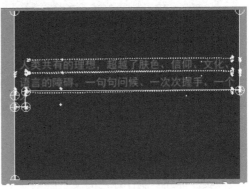

图4-62 第6s处节目窗口显示

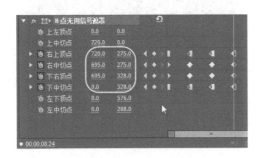

图4-63 第8s24帧处参数设置

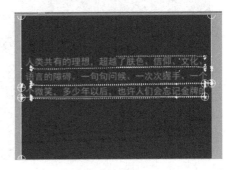

图4-64 第8s24帧处节目窗口显示

⑨ 将时间指针移到第9s处,将"右上顶点"设置为720、328,将"右中切点"设置为35、328,将"下右顶点"设置为35、385;将"下中切点"设置为0、385,如图4-65所示,节目窗口如图4-66所示。

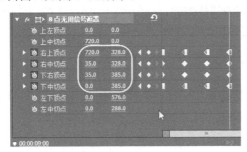

图4-65 第9s处参数设置

图4-66 第9s处节目窗口显示

⑩ 将时间指针移到第11s24帧处,将"右中切点"设置为695、328,将"下右顶点"设置为695、385;如图4-67所示。节目窗口如图4-68所示。

5)将"项目"窗口中的"01.mov"背景素材拖曳到"视频1"轨中,连续拖曳5次,然后鼠标指针置于"视频2"轨的出点处,鼠标变成 时,向右拖动,使得"视频2"与"视频1"的时长相同。

6)单击"节目"窗口中的"播放"按钮,预览效果。

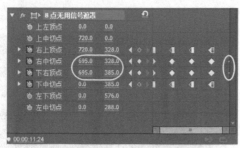

图4-67　第11s24帧处参数设置　　　　　图4-68　第11s24帧处节目窗口显示

技能实战3　文字雨幕——字幕添加特效

技能实战描述：制作绿色的文字雨幕效果，效果如图4-69所示。在字幕中先制作上滚的字幕，然后设置倒放效果，再添加"重影"特效和"辉光"特效。

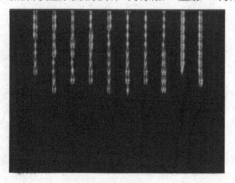

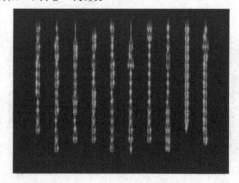

图4-69　文字雨幕效果

技能知识要点：新建项目与序列；制作上滚字幕，序列嵌套、设置倒放效果、添加"重影"特效和"辉光"特效。

技能实战步骤：

1）双击桌面上Premiere Pro CS6软件的快捷图标，启动Premiere Pro CS6软件。在项目名称文本框中输入"文字雨幕"，在弹出的新建序列文件名称文本框中输入"序列01"，"序列预设"为"DV—PAL"下的"标准48kHz"。

2）建立上滚字幕。

① 在"项目"窗口中右击，在弹出的快捷菜单中选择"新建分项"→"字幕"命令，弹出"新建字幕"对话框，在"名称"文本框中输入"文字雨幕"，如图4-70所示。

② 单击"确定"按钮，弹出字幕制作面板，单击"滚动/游动选项"按钮▤，弹出"滚动/游动选项"对话框，单击"滚动"选项，复选"开始于屏幕外"和"结束于屏幕外"选项，如图4-71所示。

③ 在字幕工具栏中，单击"垂直区域文字工具"按钮▤，在字幕工作区中绘制一个大的文本框，随机输入字母，设置字体为Arial▤，大小为31，行间距为35，填充颜色为"绿色"，如图4-72所示。

④ 将其中的某一列制作得长一些，将文字框的高度拉长到可以刚好将最长的一列文字完全显示。

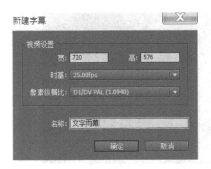

图4-70 "新建字幕"对话框

图4-71 "滚动/游动选项"对话框

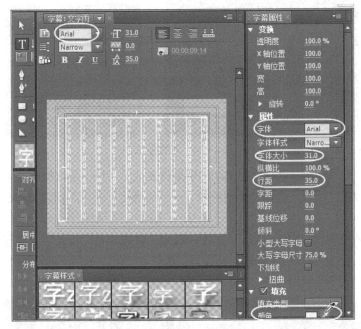

图4-72 制作绿色字母文本

3）制作文字雨幕效果。

① 将"项目"窗口中的"文字雨幕"素材拖到时间线窗口的"视频1"轨中，右击时间线上"视频1"轨中的素材，在弹出的快捷菜单中，选择"速度/持续时间"，设置持续时间为10s。

② 展开"效果"面板，选择"视频特效"→"时间"→"重影"，将其拖到"视频1"轨中的"文字雨幕"素材上。

③ 打开"特效控制台"，对"重影"特效进行设置。将"回显时间"设置为0.100，将"重影数量"设置为5，将"衰减"设置为0.70，可看到字母都出现一串拖尾效果，如图4-73所示。

④ 在"项目"窗口中单击鼠标右键，在快捷菜单中，选择"新建分项"→"序列"命令，在"新建序列"对话框中，输入序列名称为"序列02"，将"项目"窗口中的"序列01"拖曳到"序列02"的"视频1"轨中，执行"素材"→"速度/持续时间"命令，在"素材速度/持续时间"对话框中，勾选"倒放速度"复选框，如图4-74所示。

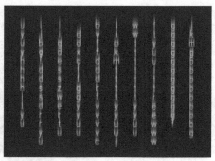

图4-73 设置"重影"特效

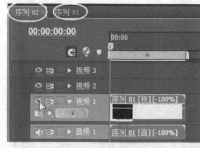

图4-74 设置倒放

⑤ 单击"确定"按钮，这样向上滚动的字幕就变成了字母下落的拖尾效果。

⑥ 展开"效果"面板，选择"视频特效"→"风格化"→"Alpha 辉光"特效，拖曳到"视频1"轨中。

⑦ 在"特效控制台"中，设置"Alpha 辉光"特效，将"发光"设置为8，将"开始颜色"设置为"白色"，将"结束颜色"设置为"黑色"，可以看到下落的字母都出现了叠加的辉光效果，如图4-75所示。

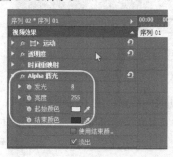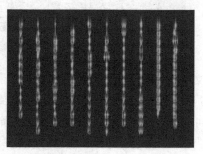

图4-75 设置"Alpha 辉光"特效

▶▶ 知识拓展

制作动态字幕，除了Premiere Pro CS6中提供的垂直"滚动"和水平"游动"外，还可以对制作的静态字幕通过设置位置关键帧，实现运动效果，也可以通过对静态字幕设置视频特效实现动态字幕效果。

（1）对制作的静态字幕通过设置位置关键帧，实现运动效果

例如，制作一个静态字幕"时尚追踪"，在0s时，字幕的位置在360、720，如图4-76所

示，将当前指针移到3s时，设置位置关键帧为360、270，实现字幕的上滚效果，如图4-77所示。

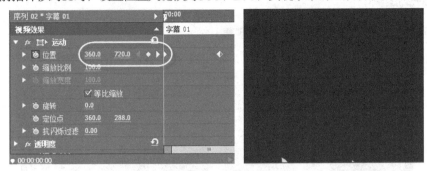

图4-76　0s位置设置

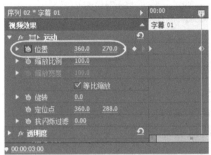

图4-77　3s位置设置

（2）对制作的静态字幕通过设置视频特效，实现动态效果

例如，制作一个静态字幕"时尚追踪"，在时间线上，对字幕素材添加"视频特效"→"透视"→"基本3D"。在0s时设置"旋转"为0.0；"与图像的距离"设为0.0，如图4-78所示。3s时设置如图4-79所示。

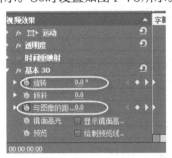

图4-78　0s时设置"基本3D"特效

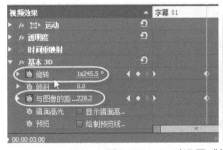

图4-79　3s时设置"基本3D"特效

巩固与提高

实战延伸　制作"红旗渠简介"游动字幕

效果描述：制作出"红旗渠简介"从右向左的游动字幕，效果如图4-80所示。

图4-80　效果截图

素材位置："项目4/任务2/素材/实战延伸素材"。

项目位置："项目4/实战延伸"。

实战操作知识点：

1）执行"字幕"→"新建字幕"→"默认游动字幕"命令，命名字幕为"红旗渠简介"。

2）单击字幕输入工具 **T**，选择字体为"楷体"，输入文字内容"红旗渠是20世纪60年代，林县（今河南林州市）人民在极其艰难的条件下，从太行山腰修建的引漳入林工程，全国重点文物保护单位，被人称为'人工天河'"。

3）在字幕属性中，勾选"填充"，"填充类型"为"实色"，"颜色"为"黄"色，"大小"为68，将文字移到屏幕的底部。

4）在字幕"滚动/游动"对话框中，单选"左游动"；勾选"结束于屏幕外"复选框。

5）在"项目"窗口中导入"红旗渠"图片素材。

6）将"红旗渠"图片素材拖曳到"视频1"轨道，将字幕素材"红旗渠简介"拖曳到"视频2"轨，在"特效控制台"中，通过设置"运动"选项下的"位置"参数，调整字幕在"节目"窗口中的位置。

练习题4

1. 填空题

1）字幕中可以包括＿＿＿＿＿＿和＿＿＿＿＿＿内容。

2）制作以曲线形状排列的文字，可以使用＿＿＿＿＿＿或＿＿＿＿＿＿工具。

3）对路径进行调节，可以使用＿＿＿＿＿＿工具。

4）为确保字幕在播放时显示的完整性，应把字幕置于＿＿＿＿＿＿之内。

5）可以直接在字幕中设置＿＿＿＿＿＿或＿＿＿＿＿＿动态效果。

6）"字幕动作"面板中的工具，可以用来对字幕进行_____、_____、_____。

7）在编辑过程中，可以为时间线上的字幕添加_____类和_____类特效。

8）通过设置字幕文字的_____属性，可以创建上角标或下角标效果。

9）单击"字幕"面板上方的_____按钮，可以显示或隐藏背景视频。

10）字幕可以单独导出，导出的字幕文件的扩展名是_____。

2. 选择题

1）创建上飞字幕，字幕类型应该使用下列哪种模式（　　）。

　A．静态　　　　　B．滚动　　　　　C．游动　　　　　D．垂直滚动

2）如果让上飞字幕在飞滚完毕后，最后一幕停留在屏幕中，应该设置下列哪个参数（　　）。

　A．缓入　　　　　B．缓出　　　　　C．预卷　　　　　D．过卷

3）下列哪些格式存储的文件，不可以作为字幕中的Logo插入（　　）。

　A．PSD　　　　　B．JPG　　　　　C．PNG　　　　　D．MOV

4）在字幕窗口中，创建一个标准的正方形或圆形图案，选中相应的图标工具后结合以下哪个键使用可以实现（　　）。

　A．Space　　　　　B．Ctrl　　　　　C．Shift　　　　　D．Alt

5）字幕制作除了字幕设计器外，还可以借助第三方软件进行制作更理想的字幕，一般使用下列哪个软件制作（　　）。

　A．Word　　　　　B．Photoshop　　　　　C．Powerpoint　　　　　D．画图

项目5 视频特效应用

学习目标

➤ 了解视频特效的类型及特效命令。

➤ 掌握视频特效的添加、删除及复制的方法。

➤ 掌握视频特效的设置方法。

➤ 掌握动态跟踪设置"马赛克"特效的方法。

➤ 掌握抠像技术的应用。

➤ 掌握翻页电子相册的制作方法。

在影视制作后期，为了弥补拍摄过程中的画面缺陷，为视频添加一些特效，当视频特效添加到素材上之后，可以制作出神奇的效果，完成拍摄中无法实现的特技场景。Premiere Pro CS6共提供了80多种特效效果，此外还可以使用第三方提供的特效插件来制作精美画面效果，本项目主要学习Premiere Pro CS6系统自带的视频特效的应用方法。

任务1 局部马赛克与抠像

▶ 知识准备

1. 视频特效的添加

视频特效可以添加到视频、图片和文字上。可以为同一段素材添加一个或多个视频特效，也可以为视频中的某一部分添加视频特效。为素材添加一个特效，可以通过"效果"窗口中，展开相应的特效类型，将某个特效拖曳到"时间线"窗口中的素材上。如果素材片段处于被选中状态，也可以将特效拖曳到该素材的"特效控制台"窗口中。

1）添加视频特效的方法：打开"效果"窗口，单击"视频特效"文件夹前的折叠按钮，依次展开某个类别的特效折叠按钮，拖动某特效到"时间线"窗口的素材上，如图5-1所示。此时，打开"特效控制台"窗口，会看到已经添加了特效。图5-2所示的是添加了"裁剪"特效后的"特效控制台"窗口。添加视频特效后，在"特效控制台"窗口中，根据需要，对一些相应的特效参数进行设置。

2）设置特效关键帧：为了使效果随时间而改变，可使用关键帧技术。当创建了一个关键帧之后，就可以指定一个效果属性在确切的时间点上的值，当为多个关键帧赋予不同的值时，Premiere Pro CS6会自动计算关键帧之间的值，这个处理过程称为"插补"。

在"特效控制台"窗口中，单击特效选项左边的"切换动画"按钮，在当前指针处添加第1个关键帧；后续关键帧的添加可通过拖动时间指针的位置，修改特效选项的参数，系统会自动将本次的修改添加为关键帧，或者拖动时间指针到新的位置后，单击"添加/移除关键帧"按钮，然后再修改特效选项的参数。

3）删除特效关键帧：在"特效控制台"窗口中，选中某关键帧，然后按<Delete>键。

图5-1 "效果"窗口

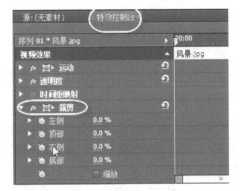

图5-2 添加"裁剪"特效后的"特效控制台"窗口

2. 视频特效的删除

删除视频特效需要在"特效控制台"窗口中进行。方法有两种。

1）在"特效控制台"窗口中，单击选中要删除的某个特效，按键盘上的<Delete>键。

2）在"特效控制台"窗口中，右击要删除的某个特效，在弹出的快捷菜单中，选择"清除"命令。

3. 视频特效的移动与复制

在"特效控制台"窗口中，单击选中要复制或移动的某个特效，然后执行"编辑"菜单中的"复制""剪切"命令，或者右击该特效，在弹出的快捷菜单中执行"复制""剪切"命令；打开另一个素材的"特效控制台"窗口，然后执行"编辑"菜单中的"粘贴"命令，或者在"特效控制台"的空白地方单击鼠标右键，在弹出的快捷菜单中执行"粘贴"命令。

4. "变换"类视频特效

"变换"类视频特效共包含7种特效。

1）垂直保持：可以使图像在垂直方向上滚动。

2）垂直翻转：可以将画面沿中心翻转180°，产生垂直翻转效果。

3）摄像机视图：可以模拟摄像机在不同的角度对图像进行拍摄所产生的视图效果。"摄像机视图"特效在特效控制台中的参数如图5-3所示。单击该特效右侧"设置" 按钮，将弹出摄像机视图设置对话框。该对话框中的参数与特效控制台中的参数相同，如图5-4所示。

"经度"：设置摄像机拍摄时的垂直角度。

"纬度"：设置摄像机拍摄时的水平角度。

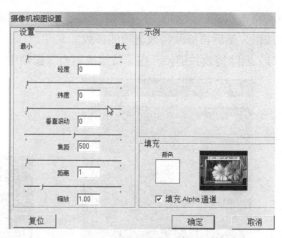

图5-3 "摄像机视图"特效参数　　　　　　图5-4 "摄像机视图"设置对话框

"垂直滚动"：让摄像机绕自身中心轴转动，使图像产生摆动的效果。

"焦距"：设置摄像机的焦距，焦距越短视野越宽。

"距离"：设置摄像机与图像之间的距离。

"缩放"：设置对图像的放大或缩小程度。

"填充"：设置图像周围空白区域填充的色彩。

"填充Alpha通道"：勾选该复选框，使图像产生一个Alpha通道。

"复位"：单击该按钮，将所有设置恢复到默认。

4）水平保持：该特效可以使图像在水平方向上产生倾斜。在特效控制台中的参数如图5-5所示。"偏移"用来设置图像的水平偏移程度。

5）水平翻转：该特效可以将画面沿垂直中心翻转，产生水平翻转效果。

6）羽化边缘：该特效可以使图像边缘产生羽化效果。在特效控制台中的参数如图5-6所示。"数量"用来设置边缘羽化的程度。

图5-5 "水平保持"特效参数设置　　　　图5-6 "羽化边缘"特效参数设置

7）裁剪：该特效根据指定的数值对图像进行修剪，但裁剪可以使剪切后的图像进行放大处理。在特效控制台中的参数如图5-7所示。

图5-7 "裁剪"特效参数设置

"左侧""顶部""右侧""底部"：分别指图像左、上、右、下4个边界，用来设置4个边界的裁剪程度。

"缩放"：勾选该复选框，在裁剪时将同时对图像进行缩放处理。

5. "风格化"类视频特效

"风格化类"特效主要是模拟一些美术风格，该特效共包含了13种类型。

1）Alpha辉光：该特效对含有通道的素材起作用，在通道的边缘部分产生一圈渐变的辉光效果，也可以在单独的图像上应用，制作发光效果。参数面板如图5-8所示。

"发光"：设置发光的大小。

"亮度"：设置发光的强度。

"起始颜色"/"结束颜色"：选择辉光开始和结束的色彩。

"淡出"：勾选该复选框，发光会逐渐衰退或者让起始颜色和结束之间产生平滑的过渡。

图5-8 "Alpha辉光"特效参数设置

2）复制：该特效可以将图像进行水平和垂直的复制，产生类似在墙上贴瓷砖的效果。参数面板如图5-9所示。

"计数"：设置复制的数量，当"计数"设置为"2"时，产生2×2个图像，如图5-10所示。

3）彩色浮雕：该特效可以通过锐化图像中物体的轮廓，从而产生彩色的浮雕效果。该特效参数面板如图5-11所示。其中：

"方向"：调整光源的照射方向。

"凸现"：设置浮雕凸起的高度。

"对比度"：设置浮雕的锐化效果。

"与原始图像混合"：设置浮雕效果与原始素材的混合程度。

4）材质：该特效可以使一个素材上显示另一个素材纹理。该特效参数面板如图5-12所示。其中：

"纹理图层"：用于选择与素材混合的视频轨道。

"照明方向"：设置光源的方向。

"纹理对比度"：设置贴图纹理的对比度。

"纹理位置"：设置贴图纹理的位置。

图5-9 "复制"特效参数设置　　　　图5-10 "计数"设置为"2"时的效果

图5-11 "彩色浮雕"特效参数设置

图5-12 "材质"特效参数设置

5）马赛克：该特效可以将画面分成若干网格，画面产生分块式的马赛克效果或者模糊图像。该特效参数面板如图5-13所示。其中：

"水平块"：设置水平方向上马赛克的数量。

"垂直块"：设置垂直方向上马赛克的数量。

"锐化颜色"：勾选该复选框，对马赛克进行锐化处理，将会使画面效果变得更加清楚。效果如图5-14所示。

图5-13 "马赛克"特效参数设置

图5-14 "马赛克"效果

6）曝光过度：该特效可以沿着画面的正反方向进行混合，从而产生类似于底片在显影时的快速曝光效果。该特效参数面板如图5-15所示。

7）浮雕：该特效与彩色浮雕的效果相似，只是产生的图像浮雕为灰度，没有丰富的彩色效果。该特效参数面板如图5-16所示。其中：

图5-15 "曝光过度"特效参数设置

图5-16 "浮雕"特效参数设置

"方向"：调整光源的照射方向。

"凸现"：设置浮雕凸起的高度。

"对比度"：设置浮雕的锐化效果。

"与原始图像混合"：设置浮雕效果与原始素材的混合程度。

8）查找边缘：该特效可以对图像的边缘进行勾勒，从而使图像产生类似素描或底片效果。该特效参数面板如图5-17所示。其中：

"反相"：将当前的颜色转换成其补色反相效果。

"与原始图像混合"：设置描边效果与原始素材的融合程度。

9）色调分离：该特效可以将图像中的颜色信息减小，产生颜色的分离效果，可以模拟手绘效果。该特效参数面板如图5-18所示。其中：

图5-17 "查找边缘"特效参数设置   图5-18 "色调分离"特效参数设置

"色阶"设置颜色分离的级别。值越小，色彩信息就越少，分离效果越明显。

10）笔触：该特效使图像产生一种类似画笔绘制的效果。该特效参数面板如图5-19所示。其中：

"描绘角度"：设置画笔描边的角度。

"画笔大小"：设置画笔笔触的大小。

"描绘长度"：设置笔触的描绘长度。

"描绘浓度"：设置笔画的笔触稀密程度。

"描绘随机性"：设置笔画的随机变化量。

"表面上色"：从右侧的下拉菜单中选择用来设置描绘表面的位置。

"与原始图像混合"：设置笔触描绘图像与原图像间的混合比例，值越大越接近原图。

11）边缘粗糙：该特效可以将图像的边缘粗糙化，制作一种粗糙效果。该特效参数面板如图5-20所示。其中：

图5-19 "笔触"特效参数设置   图5-20 "边缘粗糙"特效参数设置

"边缘类型"：可从右侧的下拉菜单中选择用于粗糙边缘的类型。

"边缘颜色"：指定边缘粗糙时所使用的颜色。

"边框"：用来设置边缘的粗糙程度。

"边缘锐度"：用来设置边缘的锐化程度。

"不规则碎片影响"：用来设置边缘的不规则程度。

"缩放"：用来设置不规则碎片的大小。

"伸展宽度或高度"：用来设置碎片的拉伸强度。正值水平拉伸；负值垂直拉伸。

"偏移（湍流）"：用来设置边缘在拉伸时的位置。

"复杂度"：用来设置边缘的复杂程度。

"演化"：用来设置边缘的角度。

"演化选项"：该选项组控制进化的循环设置。

"循环演化"：勾选该复选框，启用循环进化功能。

"循环（演化）"：设置循环的次数。

"随机植入"：设置循环进化的随机性。

12）闪光灯：该特效可以模拟相机的闪光灯效果，使图像自动产生闪光动画效果，常用在视频编辑中。该特效参数面板如图5-21所示。其中：

"明暗闪动颜色"：设置闪光灯的闪光颜色。

"与原始图像混合"：设置闪光效果与原始素材的融合程度。值越大，越接近原图。

"明暗闪动持续时间"：设置闪光灯的持续时间，单位为s。

"明暗闪动间隔时间"：设置闪光灯两次闪光之间的间隔时间，单位为s。

"随机明暗闪动概率"：设置闪光灯闪光的随机概率。

"闪光"设置闪光的方式。下拉菜单中："仅对颜色操作"表示在所有通道中显示闪烁特效；"使图层透明"表示只在透明层上显示闪烁特效。

"闪光运算符"：设置闪光的运算方式。

"随机植入"：设置闪光的随机种子量。值越大，颜色产生的透明度越高。

13）阈值：该特效可以将图像转换成高对比度的黑白图像效果，并通过级别的调整来设置黑白所占的比例。该特效参数面板如图5-22所示。其中：

图5-21 "闪光灯"特效参数设置

图5-22 "阈值"特效参数设置

"色阶"用于调整黑白的比例大小。值越大，黑色点的比例越多；值越小，白色点的比例越多。

6. "键控"类视频特效

Premiere Pro CS6系统自带了15种键控特效，"键控"技术就是人们通常所说的抠像技术。

1）16点无用信号遮罩：对叠加的素材进行16个角的调整，通过调整角点的控制手柄可以调整遮罩的形状，出现透明区域。该特效参数面板如图5-23所示。

图5-23 "16点无用信号遮罩"特效参数设置

2）4点无用信号遮罩：对叠加的素材进行4个角的调整。该特效参数面板如图5-24所示。

3）8点无用信号遮罩：对叠加的素材进行8个角的调整。该特效参数面板如图5-25所示。

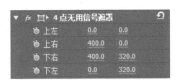

图5-24 "4点无用信号遮罩"特效参数设置　　图5-25 "8点无用信号遮罩"特效参数设置

4）Alpha 调整：该特效主要通过调整当前素材的Alpha通道信息（即改变Alpha通道的透明度），使当前素材与其下面的素材产生不同的叠加效果。如果当前素材不包含Alpha通道，则改变的将是整个素材的透明度。该特效面板参数如图5-26所示。其中：

"透明度"：用于调整画面的不透明度。

"忽略Alpha"：勾选此复选框，可以忽略Alpha通道。

"反相Alpha"：勾选此复选框，可以对通道进行反向处理。

"仅蒙版"：勾选此复选框，可以将通道作为蒙版使用。

5）RGB差异键：对素材中的一种颜色差值做透明处理。该特效适合对色彩明亮、无阴影的图像做抠像处理。在特效控制台中选择吸管工具，在"节目"窗口中需要抠去的颜色上单击来选取颜色，吸取颜色后，调节各项参数，观察抠像效果。该特效面板参数如图5-27所示。其中：

"颜色"：选取要抠去的颜色。

"相似性"：用于设置所选取颜色的容差度。

图5-26 "Alpha 调整"特效参数设置　　图5-27 "RGB差异键"特效参数设置

6）亮度键：可以将被叠加图像的灰色值设置为透明，且保持色度不变，该特效对明暗对比十分强烈的图像有用。该特效面板参数如图5-28所示。

7）图像遮罩键：可以使用一幅静态的图像作为蒙版，该蒙版决定素材的透明区域。"图像遮罩键"效果根据遮罩图像的Alpha通道或亮度值来确定透明区域。为获得最可预测的效果，除非需要更改剪辑中的颜色，否则请为图像遮罩选择灰度图像。图像遮罩中的任何颜色都会删除剪辑中的同一颜色级。通过单击"特效控制台"面板中的"设置"按钮来选择遮罩。该特效面板参数如图5-29所示。其中：

图5-28 "亮度键"特效参数设置　　图5-29 "图像遮罩键"特效参数设置

"遮罩Alpha"：使用图像遮罩的Alpha通道值来合成剪辑。

"遮罩Luma"：使用图像遮罩明亮度值来合成剪辑。

例如，选择作为遮罩的图像如图5-30所示；作为剪辑中的素材，如图5-31所示。剪辑中的素材添加"图像遮罩键"特效后的效果，如图5-32所示。

图5-30　作遮罩的图像　　　　图5-31　剪辑中的素材　　　　图5-32　效果图

注意

在Premiere Pro Cs6中，单击"特效控制台"面板中的"设置"按钮 ➡️ 来选择遮罩时，存放遮罩图像的文件夹和图像文件名都要使用英文字母或数字。

8）差异遮罩：将指定视频素材与图像素材相比较，除去视频素材中相匹配的部分。该特效面板参数如图5-33所示。

9）极致键：通过在图像中吸取颜色设置透明，同时可设置遮罩效果。该特效面板参数如图5-34所示。

图5-33　"差异遮罩"特效参数设置　　　　图5-34　"极致键"特效参数设置

10）移除遮罩：可以将原有的遮罩移除，例如将画面中的白色区域或黑色区域进行移除。该特效面板参数如图5-35所示。

11）蓝屏键：也称为"抠蓝"，就是将素材中的蓝色区域变为透明。该特效面板参数如图5-36所示。其中：

图5-35　"移除遮罩"特效参数设置　　　　图5-36　"蓝屏键"特效参数设置

"阈值"：用于调整被添加的蓝色背景的透明度。

"屏蔽度"：用于调节前景图像的对比度。

"平滑"：用于调节图像的平滑度。

"仅蒙版"：勾选此复选框，前景仅作为蒙版使用。

12）色度键：将图像中的某种颜色及其相似颜色设置为透明。该特效适用于纯色背景的图像，在"特效控制台"中选择吸管工具，在"节目"窗口中需要抠去的颜色上单击，调节各项参数，边观察，边调节参数。该特效面板参数如图5-37所示。其中：

"相似性"：用于设置所选颜色的容差度。

"混合"：用于设置透明与非透明边界色彩的混合程度。

"阈值"：用于设置素材中蓝色背景的透明度。

"屏蔽度"：设置前景色与背景色的对比度。

"平滑"：调整抠像后素材边缘的平滑程度。

"仅遮罩"：勾选此复选框，将只显示抠像后素材的Alpha通道。

13）轨道遮罩键：该特效将遮罩层进行适当比例的缩小，并显示在原图层上。该特效面板参数如图5-38所示。

图5-37 "色度键"特效参数设置　　　　图5-38 "轨道遮罩"特效参数设置

14）非红色键：将素材中的蓝色或绿色区域变为透明。该特效面板参数如图5-39所示。

15）颜色键：根据指定的颜色将素材中像素值相同的颜色设置为透明，该特效与"色度键"类似。但"颜色键"可以单独调节素材像素颜色和灰度值，而"色度键"则可以同时调节这些内容。"颜色键"特效面板参数如图5-40所示。

图5-39 "非红色键"特效参数设置　　　　图5-40 "颜色键"特效参数设置

≫ 任务实施

技能实战1 《人物》——动态跟踪局部马赛克特效

技能实战描述：制作动态跟踪局部马赛克《人物》视频，人在行走，马赛克效果始终跟踪在其脸上，效果如图5-41所示。

图5-41　动态跟踪局部马赛克效果

技能知识要点：新建项目与序列；应用"裁剪"特效制作裁剪动画；应用关键帧设置动态跟踪；利用马赛克特效制作马赛克效果。

技能实战步骤：

1）双击桌面上Premiere Pro CS6软件的快捷图标，启动Premiere Pro CS6软件。在项目名称文本框中输入"人物——马赛克"，在弹出的新建序列文件名称文本框中输入"马赛克序列01"，"序列预设"为"DV—PAL"下的"标准48kHz"。

2）在"项目"窗口中双击，打开"导入"对话框，如图5-42所示。单击选择素材文件夹下的"01.mov"文件，单击"打开"按钮。

3）拖曳项目窗口中的"01.mov"素材到"时间线"窗口的"视频1"轨中，右击"视频1"轨中的素材，在弹出的快捷菜单中选择"缩放为当前画面大小"命令，使素材适合节目窗口大小。

4）单击选定"视频1"轨中的素材，选择"编辑"→"复制"命令，单击"视频1"轨中的"锁定"按钮█，确认当前指针置于0s处，选择"编辑"→"粘贴"命令，在"视频2"轨中就复制了一个与"视频1"轨中完全相同的素材，单击"视频1"轨中的"切换轨道输出"按钮█，暂时隐藏"视频1"轨中的素材，此时，"时间线"窗口如图5-43所示。

图5-42　"导入"对话框　　　　　　　　　　　　图5-43　"时间线"窗口

5）在"效果"窗口中，单击展开"视频特效"→"变换"→"裁剪"特效，将"裁剪"特效拖曳到"视频2"轨中的素材上，如图5-44所示。

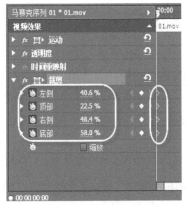

6）设置"裁剪"特效。打开"特效控制台"，确保当前时间指针置于0s处，单击"裁剪"特效名称左边的按钮，"节目"窗口出现8个小句柄的方框，调整8个小句柄，使得小方框正好围住人物的脸，分别单击"左侧""顶部""右侧""底部"左边的"切换动画"按钮，设定0s处的第1个关键帧，如图5-45所示。节目窗口如图5-46所示。

图5-44 "效果"窗口　　　图5-45 0s处"特效控制台"窗口　　图5-46 "节目"窗口

7）动态跟踪。连续单击"节目"窗口中的"逐帧进"按钮，观察"节目"窗口中的人物的脸是否退出"裁剪"框，一旦退出一点，马上调整"节目"窗口中的"裁剪"框，在"特效控制台"中自动产生第2个关键帧，依次单击"节目"窗口中的"逐帧进"按钮，随时调整"裁剪"框的位置。"特效控制台"中关键帧设置如图5-47所示。

8）添加"马赛克"特效。在"效果"窗口中，单击展开"视频特效"→"风格化"→"马赛克"特效，将"马赛克"特效拖曳到"视频2"轨中的素材上，如图5-48所示。

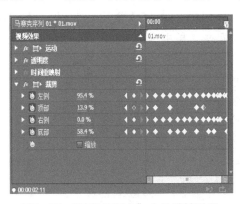

图5-47 "特效控制台"中关键帧设置　　　图5-48 添加"马赛克"特效

9）设置"马赛克"特效参数。在"特效控制台"中，调整"马赛克"特效参数中的"水平块"和"垂直块"分别为25，如图5-49所示。

图5-49 "马赛克"特效参数

10）单击"视频1"轨中的"切换轨道输出"按钮 ，恢复"视频1"轨中素材的显示，单击"节目"窗口中的"播放"按钮 ，观看效果。

技能实战2 《变换的背景》——抠像技术

技能实战描述：利用抠像技术制作《变换的背景》合成视频，背景不断变换，创造一种穿越时空的效果，效果如图5-50所示。

图5-50 《变换的背景》合成视频效果

技能知识要点：新建项目与序列；应用"色度键"特效进行抠像；应用"位置"参数调整素材的位置。

技能实战步骤：

1）双击桌面上Premiere Pro CS6软件的快捷图标，启动Premiere Pro CS6软件。在项目名称文本框中输入"抠像——变换的背景"，在弹出的新建序列文件名称文本框中输入"抠像序列01"，"序列预设"为"DV—PAL"下的"标准48kHz"。

2）在"项目"窗口中双击，打开"导入"对话框，在"导入"对话框中，单击选择素材文件夹下的"场景1.jpg""场景2.jpg""场景3.jpg"素材，单击"打开"按钮，导入3张背景图片素材。

导入"图像序列"素材，在"项目"窗口中双击，打开"导入"对话框，在"导入"对话框中，单击选择素材文件夹下的"序列"文件夹，单击选定第1个"3rht000.tga"序列图片文件，并勾选"图像序列"复选框，单击"打开"按钮，如图5-51所示。

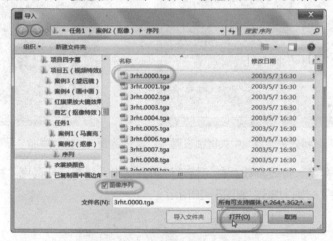

图5-51 导入"图像序列"素材对话框

3）将"项目"窗口中的"图像序列"视频素材拖曳到"时间线"窗口的"视频2"轨

中，查看该视频素材，时长为7s。把"场景1.jpg""场景2.jpg""场景3.jpg"素材拖曳到"视频1"轨中，分别设置"场景1.jpg""场景2.jpg"素材的时长为2s，"场景3.jpg"素材为3s。

4）单击"视频2"轨上的素材，在节目窗口中发现视频素材中应裁剪左侧及右侧的杂乱内容。在"效果"窗口中，单击展开"视频特效"→"变换"→"裁剪"特效，将"裁剪"特效拖曳到"视频2"轨中的素材上。打开"特效控制台"窗口，设置"裁剪"特效参数，如图5-52所示。此时的"节目"窗口如图5-53所示。

图5-52 "裁剪"特效参数

图5-53 设置"裁剪"后的节目窗口

5）抠像。在"效果"窗口中，单击展开"视频特效"→"键控"→"色度键"特效，将"色度键"特效拖曳到"视频2"轨中的素材上。打开"特效控制台"窗口，单击"颜色"后面的吸管工具，在"节目"窗口中单击，吸取"蓝色"背景色，然后设置"色度键"特效"相似性"和"混合"参数，如图5-54所示。单击"播放"按钮，预览效果，发现在 00:00:02:06 时，3个人都在汽车上，如图5-55所示。因此，需要调整"视频2"素材的位置参数。

图5-54 "色度键"特效参数设置

图5-55 第2s6帧处"节目"窗口效果

6）单击选定"视频2"轨上的素材，在"特效控制台"中，展开"运动"参数选项，调整"位置"参数为 447.0 378.0 。

7）单击"节目"窗口中的播放按钮，预览效果。

8）项目管理。执行"项目"→"项目管理"命令，保存项目文件。

技能实战3 翻页电子相册——二维和三维变换

技能实战描述：制作类似相册翻页的效果。每张照片停留3s钟后再用2s时间进行翻页，效果如图5-56所示。

图5-56　翻页相册效果

技能知识要点：新建项目与序列；应用"扭曲"→"变换"特效对素材进行二维的几何变换；利用"变换"→"摄像机视图"特效在三维空间中对素材画面进行变换，添加关键帧，制作翻页相册动画。

技能实战步骤：

1）双击桌面上Premiere Pro CS6软件的快捷图标，启动Premiere Pro CS6软件。在项目名称文本框中输入"翻页相册"，在弹出的新建序列文件名称文本框中输入"翻页相册序列01"，"序列预设"为"DV—PAL"下的"标准48kHz"。

2）设置静态图片持续时间。执行"编辑"→"首选项"→"常规"命令，如图5-57所示，设置静态图片持续时间为125帧（即5s）。

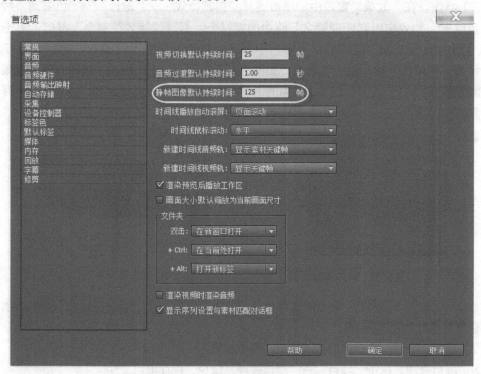

图5-57　首选项设置对话框

3）导入素材。在"项目"窗口中双击，在弹出的"导入"对话框中，选择素材文件夹中的"照片素材"文件夹，单击"导入文件夹"按钮；用同样方法，导入"背景素材"文件夹；再次，导入背景音乐素材"蓝色的爱.mp3"。

4）制作翻页动画。

① 在"项目"窗口中，将"照片素材"文件夹拖动到"视频4"轨中，则该文件夹中的所有照片都一次性插入到"视频4"轨中。"时间线"窗口如图5-58所示。

图5-58　"时间线"窗口

② 在"效果"窗口中，展开"视频特效"→"扭曲"特效，将其中的"变换"特效拖曳到"视频4"轨中的"1.jpg"素材上。

③ 单击选定素材"1.jpg"，打开"特效控制台"窗口，将"定位点"参数设置为"0，288"；勾选"统一缩放"复选框，将"缩放"的值设置为"50.0"，"特效控制台"参数如图5-59所示，"节目"窗口如图5-60所示。

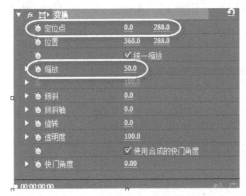

图5-59　"变换"特效参数设置

图5-60　添加"变换"特效后的效果

④ 在"效果"窗口中，展开"视频特效"→"变换"特效，将其中的"摄像机视图"特效拖曳到"视频4"轨中的"1.jpg"素材上。在"特效控制台"中，单击"摄像机视图"右侧的"设置"按钮 →回，弹出"摄像机视图设置"对话框，取消勾选右下方"填充Alpha通道"复选框，如图5-61所示。单击"确定"按钮。

⑤ 将当前指针移动到00:00:03:00处，单击"经度"左侧的"动画切换"按钮 ，设置了第1个关键帧。

⑥ 将当前指针移动到00:00:05:00处，设置"经度"参数为"180"，如图5-62所示，制作出了第1张照片的翻页动画。

⑦ 由于所有的照片素材都是同样的翻页效果，可以采取复制属性的方法快速制作。在"特效控制台"窗口中，单击选定"变换"特效名称，按<Ctrl>键再单击选定"摄像机视图"

特效，执行"编辑"→"复制"命令或者按<Ctrl+C>组合键。

在时间线窗口中，用鼠标框选素材"2.jpg"～"8.jpg"，将其余的照片选中，执行"编辑"→"粘贴"命令或者按<Ctrl+V>组合键。

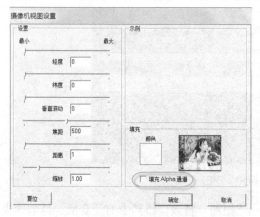

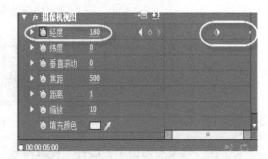

图5-61 "摄像机视图设置"对话框   图5-62 "摄像机视图"参数设置

5）制作翻页后的左侧画面。

第1页照片翻页后，第2页开始翻，那么第1页应该以翻页后的状态放在那里不动，直到第2页把它覆盖。

① 在"项目"窗口中，把"1.jpg"～"7.jpg"，拖曳到"视频3"轨中的任何地方，将当前时间指针移到00:00:05:00处，框选"1.jpg"～"7.jpg"素材，拖曳素材移动到00:00:05:00处，如图5-63所示。

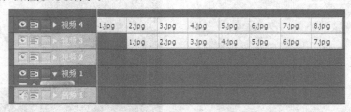

图5-63 "时间线"窗口

② 单击选定"视频3"轨中的"1.jpg"素材，将"效果"→"视频特效"→"扭曲"→"变换"特效拖曳到"1.jpg"素材上，在"特效控制台"中设置"定位点"参数为"0，288"；"缩放"参数为"50.0"。

③ 将"效果"→"视频特效"→"变换"→"摄像机视图"特效拖曳到"1.jpg"素材上，在"特效控制台"中，设置"经度"参数为"180"，特别注意，在"特效控制台"中，单击"摄像机视图"右侧的"设置"按钮，弹出"摄像机视图设置"对话框，取消勾选右下方"填充Alpha通道"复选框。

④ 在"特效控制台"中，选中"变换"特效和"摄像机视图"特效，按<Ctrl+C>进行复制属性，然后分别单击选定"2.jpg"～"7.jpg"，分别按<Ctrl+V>进行粘贴属性。

6）制作翻页后的右侧画面。

第1页照片翻页时，应该看到第2页在下面，直到第1页翻页完成后。

① 在"项目"窗口中，把"2. jpg"～"8. jpg"，拖曳到"视频2"轨中的0s处。将"效果"→"视频特效"→"扭曲"→"变换"特效拖曳到"2. jpg"素材上，在"特效控制台"中设置"定位点"参数为"0，288"，"缩放"参数为"50.0"。

② 在"特效控制台"中，单击选定"变换"特效，按<Ctrl+C>组合键复制属性，然后，在"时间线"窗口中的"视频2"轨中，分别单击选定"3. jpg"～"8. jpg"，分别按<Ctrl+V>组合键进行粘贴属性。

7）添加背景及背景音乐。在"项目"窗口中，将"背景素材"文件夹拖曳到"时间线"窗口的"视频1"轨中；将背景音乐"蓝色的爱.mp3"拖曳到"音频1"轨中。此时，发现背景及背景音乐都比较长，将当前指针置于40s处，单击"工具箱"中的"剃刀"工具在"视频1"轨和"音频1"轨中分别单击，进行裁剪，然后，单击要裁剪的素材片段，按<Delete>键删除。

8）保存项目。执行"项目"→"项目管理"命令，保存项目。

≫ 知识拓展

1. 制作局部马赛克效果也可以使用遮罩的方法来设置

使用"字幕"工具制作一个遮罩图形（圆形或其他图形），将遮罩图形拖曳到视频素材的上方轨道中，根据视频素材的运动特点，为遮罩图形设置关键帧，再为遮罩层添加马赛克效果。

2. 影视合成

使用多个视频素材的叠加、透明以及应用各种类型的键控来实现合成，在制作电视时，键控被称为"抠像"，而在电影制作中则被称为"遮罩"。

（1）透明

透明叠加的原理是每个素材都有一定的不透明度，在不透明度为0%时，图像完全透明；在不透明度为100%时，图像完全不透明；不透明度介于两者之间时，图像是半透明的。通过对素材不透明度的设置，可制作透明叠加效果。用户可以使用Alpha通道、蒙版或键控来定义素材透明度区域和不透明区域。

（2）Alpha通道

视频素材的颜色信息被保存在3个通道中，分别是红色通道、绿色通道和蓝色通道。另外在还有一个看不见的通道即Alpha通道，它用来存储素材的透明度信息。

（3）蒙版

"蒙版"用于定义层的透明区域，白色区域定义的是完全不透明的区域，黑色区域定义完全透明的区域，它类似于Alpha通道。通常Alpha通道被用作蒙版，但是使用蒙版定义素材的透明区域时要比使用Alpha通道更好，因为很多原始素材中不包含Alpha通道。

（4）叠加的两种方式

叠加有两种方式，分别是混合叠加方式和淡化叠加方式。

混合叠加方式是将素材的一部分叠加到另一个素材上，作为前景的素材最好要具有单一的底色并且与需要保留的部分对比鲜明，这样很容易将底色变为透明，再叠加到作为背景的素材上。"抠像"技术就属于混合叠加方式。

淡化叠加方式是通过调整整个前景的透明度，让前景整个暗淡，而背景素材逐渐显现出来，达到一种朦胧和梦幻的效果。

≫ 巩固与提高

实战延伸1　制作"曲艺"同人同台演出效果

效果描述：根据给定的素材，制作出"曲艺"同人同台演出效果，效果如图5-64所示。

图5-64　效果截图

素材位置："项目5/任务1/素材/实战延伸1素材"。

项目位置："项目5/任务1/实战延伸1"

实战操作知识点：

1）新建项目与序列。

2）导入"序列图像"素材。

3）将"项目"窗口中的"背景"素材拖曳到"视频1"轨中，如果不够长，可以再次拖曳"背景"素材置于"视频1"轨中的出点处。

4）将"曲艺0001.tga"视频素材拖曳到"视频2"轨中，右击该素材，在快捷菜单中，选择"缩放为当前画面大小"命令，在00:00:25:15处，用"剃刀"工具将素材截断，分为两部分。

5）单击选定"视频2"轨中的左端素材，将"效果"→"视频特效"→"变换"→"裁剪"特效拖曳到"视频2"轨中的左端素材上，设置"裁剪"特效参数"左侧"为"12%"，"右侧"为"33%"，展开"运动"参数选项，设定"位置"参数为"251，288"。

将右端素材添加"裁剪"特效，并设置"裁剪"参数"左侧"为"27%"；"右侧"为"12%"，展开"运动"参数选项，设定"位置"参数为"150，288"。

6）单击选定"视频2"轨中的左端素材，右击，在快捷菜单中选择"复制"命令，单击"轨道锁定开关"按钮，分别将"视频1"轨道和"视频2"轨道锁定。单击"视频3"轨道，将当前时间指针置于0s处，按<Ctrl+V>组合键，将"视频2"轨道中的左侧素材，复制到"视频3"轨道上。

7）将"效果"→"视频特效"→"变换"→"水平翻转"特效拖曳到"视频3"轨中的左端素材上。在"特效控制台中"，展开"运动"参数选项，设定"位置"参数为"466，288"。

8）对"视频2"轨解锁，单击选定"视频2"轨中的右端素材，按<Ctrl+C>组合键进行复制，再对"视频2"轨锁定。单击选定"视频3"轨，将当前时间指针置于左端素材的出点处，即00:00:25:15处，按<Ctrl+V>组合键进行粘贴。

9）单击选定"视频3"轨的右端素材，将"效果"→"视频特效"→"变换"→"水平翻转"特效拖曳到"视频3"轨中的右端素材上。在"特效控制台中"，展开"运动"参数选项，设定"位置"参数为"650，288"。

10）抠像。对"视频2"轨和"视频3"轨上的所有素材进行抠像，分别将"效果"→"视频特效"→"键控"→"色度键"特效拖曳到"视频2"轨和"视频3"轨中的所有素材上，并进行设置参数。

11）使用"工具箱"中的"剃刀"工具将"视频1"轨中多余的素材裁断，并删除。

实战延伸2　制作"远处的风景"望远镜效果

效果描述：根据给定的素材，制作出望远镜效果，效果如图5-65所示。

图5-65　望远镜效果截图

素材位置："项目5/任务1/素材/实战延伸2素材"。

项目位置："项目5/任务1/实战延伸2"。

实战操作知识点：

1）新建项目与序列。

2）导入"风景.jpg"和"望远镜.jpg"素材。

3）将"项目"窗口中的"风景.jpg"素材拖曳到"时间线"窗口的"视频1"轨中，右击"视频1"上的素材，在弹出的快捷菜单中，执行"缩放为当前画面大小"命令。在"特效控制台"窗口中，展开"透明度"参数选项，设置"透明度"为"20%"；设置素材在"时间线"窗口中的持续时间为5s。

4）将"项目"窗口中的"风景.jpg"素材拖曳到"时间线"窗口的"视频2"轨中，右击"视频2"上的素材，在弹出的快捷菜单中，执行"缩放为当前画面大小"命令。

展开"效果"→"视频特效"→"调整"特效选项，将"基本信号控制"特效拖曳到"视频2"轨的素材上，打开"特效控制台"窗口，在"基本信号控制"特效参数中，设置"亮度"为"20.0"，"对比度"为"120.0"，"色相"为"25.00"，"饱和度"为"170.0"。

5）将"项目"窗口中的"望远镜.jpg"素材拖曳到"时间线"窗口的"视频3"轨中，单击选定"视频3"轨中的"望远镜.jpg"素材，打开"特效控制台"窗口，展开"运动"参数选项，设置"缩放比例"参数为"130.0"。

将当前时间指针移到"00:00:00:00"处，单击"位置"左侧的"切换动画"按钮 ，设置第1个"位置"关键帧，当前位置参数为"360，288"；将当前时间指针移到

"00:00:01:00"处，单击"添加/删除关键帧"按钮█，修改位置参数为"550，288"；将当前时间指针移到"00:00:03:00"处，单击"添加/删除关键帧"按钮█，修改位置参数为"550，340"；将当前时间指针移到"00:00:04:15"处，单击"添加/删除关键帧"按钮█，修改位置参数为"300，360"。

6）单击选定"视频2"轨中的素材，展开"效果"→"视频特效"→"键控"特效选项，将"轨道遮罩键"特效拖曳到"视频2"轨的素材上，打开"特效控制台"窗口，设定"遮罩"选项为"视频3"；设定"合成方式"选项为"Luma遮罩"。

7）单击"节目"窗口中的播放按钮，预览效果。

实战延伸3　制作透明叠加合成效果

效果描述：根据给定的素材，制作出透明叠加合成效果，效果如图5-66所示。

图5-66　素材1、素材2及合成后

素材位置："项目5/任务1/素材/实战延伸3素材"。

项目位置："项目5/任务1/实战延伸3"。

实战操作知识点：

1）新建项目与序列。

2）导入"素材1. mov"和"素材2. mov"素材。

3）将"项目"窗口中的"素材1. mov"素材拖曳到"时间线"窗口的"视频1"轨中。

4）将"项目"窗口中的"素材2. mov"素材拖曳到"时间线"窗口的"视频2"轨中。

5）单击选定"视频2"轨上的"素材2. mov"，打开"特效控制台"窗口，展开"透明度"参数选项，设置"透明度"参数为"45. 0"。

6）单击"节目"窗口中的播放按钮，预览效果。

任务2　基本3D与边角固定

≫ 知识准备

1. "透视"类视频特效

"透视"类视频特效主要用于制作三维透视效果，使素材产生立体感或空间感。

1）基本3D：该特效是在一个虚拟的三维空间中对图像进行基本的三维变换，绕水平轴（X轴）和垂直轴（Y轴）进行旋转，可以产生图像运动的移动效果，可以沿Z轴将图像拉近或推远。该特效面板参数如图5-67所示。其中：

"旋转"：调整图像水平旋转的角度。

"倾斜"：调整图像垂直旋转的角度。

"与图像的距离"：设置图像拉近或推远的距离。

"镜面高光"：模拟阳光照射在图像上而产生的光晕效果，看起来就好像在图像的上方发生的一样。

"预览"：勾选"绘制预览线框"复选框，在预览时的图像会以线框的形式显示。

2）径向阴影：该特效同"投影"特效相似，也可以为图像添加阴影效果，但比"投影"特效在控制上更多一些变化。该特效面板参数如图5-68所示。其中：

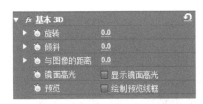

图5-67　"基本3D"特效参数设置　　　　图5-68　"径向阴影"特效参数设置

"阴影颜色"：设置图像中阴影的颜色。

"透明度"：设置阴影的透明度。

"光源"：设置模拟灯光的位置。

"投影距离"：设置阴影的投射距离。

"柔和度"：设置阴影的柔和程度。

"渲染"：设置阴影的渲染方式。

"颜色影响"：设置周围颜色对阴影的影响程度。

"仅阴影"：勾选该复选框，将只显示阴影而隐藏投射阴影的图像。

"调整图层大小"：重置阴影层的尺寸大小。

3）投影：该特效可以为图像添加阴影效果，一般应用在多轨道文件中。该特效面板参数如图5-69所示。其中：

"阴影颜色"：设置图像中阴影的颜色。

"透明度"：设置阴影的透明度。

"方向"：设置阴影的方向。

"距离"：设置阴影离原图像的距离。

"柔和度"：设置阴影的柔和程度。

"仅阴影"：勾选该复选框，将只显示阴影而隐藏投射阴影的图像。

4）斜角边：该特效可以使图像边缘产生一种立体效果。该特效面板参数如图5-70所示。其中：

"边缘厚度"：设置斜角边的厚度。

"照明角度"：设置模拟灯光的角度。

"照明颜色"：选择模拟灯光的颜色。

"照明强度"：设置灯光照射的强度。

图5-69 "投影"特效参数设置

图5-70 "斜角边"特效参数设置

5）斜边Alpha：该特效可以将图像中Alpha通道边缘产生立体的边界效果。该特效面板参数如图5-71所示。其中：

"边缘厚度"：设置斜角边的厚度。

"照明角度"：设置模拟灯光的角度。

"照明颜色"：选择模拟灯光的颜色。

"照明强度"：设置灯光照射的强度。

图5-71 "斜边Alpha"特效参数设置

2. "扭曲"类视频特效

"扭曲"类视频特效主要通过对图像进行几何扭曲变形来制作出各种画面变形效果。

1）偏移：该特效可以将图像自身进行混合运动，可以在一个层内移动图像，将图像各部分的位置偏移，从而产生位移效果。该特效面板参数如图5-72所示。其中：

"将中心转换为"：用来调整中心点的坐标位置。

"与原始图像混合"：设置混合特效与原图像间的混合比例，值越大越接近原图。

2）变换：该特效可以对图像的定位点、位置、尺寸、透明度、倾斜度和快门角度等进行综合调整。该特效面板参数如图5-73所示。其中：

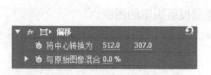

图5-72 "偏移"特效参数设置

图5-73 "变换"特效参数设置

"定位点"：用来设置图像的定位点中心坐标。

"位置"：用来设置图像的位置中心坐标。

"统一缩放"：勾选该复选框，图像将进行等比缩放。

"缩放高度"：设置图像高度的缩放。

"缩放宽度"：设置图像宽度的缩放。

"倾斜"：设置图像的倾斜度。

"倾斜轴"：设置倾斜的轴向。

"旋转"：旋转素材旋转的度数。

"透明度"：设置图像透明程度。

"使用合成的快门角度"：勾选该复选框，则在运动模糊中使用混合图像的快门角度。

"快门角度"：设置运动模糊的快门角度。

3）弯曲：该特效可以使图像在水平和垂直方向上产生波浪形状的弯曲。该特效面板参数如图5-74所示。单击"弯曲"名称后面的"设置"按钮→ ▤，弹出"弯曲设置"对话框，如图5-75所示。其中：

"方向"：用于设置弯曲的方向，"水平"包括左、右、内和外4种选择；"垂直"包括上、下、内和外4种选择。

"波形"：用于设置弯曲的方式。"水平"和"垂直"包括的方式是一样的，包括曲线、圆形、三角形和正方形4种。

"强度"：图像进行弯曲的程度，也就是振幅的大小。

"速率"：波形弯曲的频率。

"宽度"：图像弯曲的宽度，也就是波长。

图5-74 "弯曲"特效参数设置

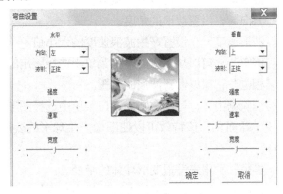

图5-75 "弯曲设置"对话框

4）放大：该特效可以使图像产生类似放大镜的扭曲变形效果。该特效面板参数如图5-76所示。其中：

"形状"：用来选择放大镜的形状，可以选择圆形或者方形。

"居中"：通过修改右侧的坐标值，可以改变放大镜的中心点的位置。

"放大率"：用来调整放大镜的倍数。

"链接"：用来设置放大镜与放大倍数的关系，有3个选择：无、达到放大率的大小、达到放大率的大小和羽化。

"大小"：用来设置放大镜的大小。

"羽化"：用来设置放大镜的边缘模糊程度。

"透明度"：用来设置放大镜的透明程度。

5）旋转扭曲：该特效可以使图像产生一种沿指定中心旋转变形的效果。该特效面板参数如图5-77所示。其中：

图5-76 "放大"特效参数设置　　图5-77 "旋转扭曲"特效参数设置

"角度"：设置图像旋转的角度。值为正数时，按顺时针旋转；值为负数时，按逆时针旋转。

"旋转扭曲半径"：设置图像旋转的半径值。

"旋转扭曲中心"：设置图像的中心点坐标位置。

6）波形弯曲：该特效可以使图像产生一种类似水波浪的扭曲效果。该特效面板参数如图5-78所示。其中：

"波形类型"：可从右侧的下拉菜单中选择波浪的类型，如圆形、正弦、方形等。

"波形高度"：设置波浪的高度。

"波形宽度"：设置波浪的宽度。

"方向"：设置波浪的角度。

"波形速度"：设置产生波浪速度的大小值。

"固定"：可以从右侧的下拉菜单中选择固定的形式。

"相位"：可以设置波浪的位置。

"消除锯齿"：可从右侧的下拉菜单中选择图形的抗锯齿质量，低或高。

7）球面化：该特效可以使图像产生球形的变形效果。该特效面板参数如图5-79所示。其中：

"半径"：用来设置变形球体的半径。

"球面中心"：用来设置变形球体中心点的坐标。

图5-78 "波形弯曲"特效参数设置　　图5-79 "球面化"特效参数设置

8）紊乱置换：该特效可以使图像产生各种凸起、旋转等动荡不安的效果。该特效面板参数如图5-80所示。其中：

"置换"：可以从右侧的下拉菜单中选择一种置换变形的命令。

"数量"：设置变形扭曲的数量。

"大小"：设置变形扭曲的大小程度。

"偏移"：设置动荡变形的位置。

"复杂度"：设置动荡变形的复杂程度。

"演化"：设置变形的成长程度。

"固定"：可以从右侧的下拉菜单中选择固定的形式。

"消除锯齿"：可从右侧的下拉菜单中选择图形的抗锯齿质量，低或高。

9）边角固定：该特效可以利用图像4个边角坐标位置的变化对图像进行透视扭曲，使图像产生变形效果，当选择边角固定特效时，在图像上将出现4个控制柄，也可以通过拖动这4个控制柄来调整图像的变形。该特效面板参数如图5-81所示。其中：

图5-80 "紊乱置换"特效参数设置

图5-81 "边角固定"特效参数设置

"左上"：调整素材左上角的位置。

"右上"：调整素材右上角的位置。

"左下"：调整素材左下角的位置。

"右下"：调整素材右下角的位置。

10）镜像：该特效可以按照指定的方向和角度将图像沿一条直线分割为两部分，制作出镜像效果。该特效面板参数如图5-82所示。其中：

"反射中心"：用来调整反射中心点的坐标位置。

"反射角度"：用来调整反射角度。

11）镜头扭曲：该特效可以使画面沿水平轴和垂直轴扭曲变形，制作类似通过透镜观察对象的效果。该特效面板参数如图5-83所示。其中：

图5-82 "镜像"特效参数设置　　　　图5-83 "镜头扭曲"特效参数设置

"弯度"：用于设置透镜的弯度。数值为正时，显现凸镜的效果；数值为负时，显现凹镜的效果。

"垂直偏移"/"水平偏移"：图像在垂直和水平方向上偏离透镜原点的程度。

"垂直棱镜效果"/"水平棱镜效果"：图像在垂直和水平方向上的扭曲程度。

"颜色"：图像偏移过度时背景呈现的颜色。

"填充Alpha通道"：勾选该复选框，将填充图像的Alpha通道。

3. "模糊与锐化"类视频特效

"模糊与锐化"类特效主要是针对镜头画面锐化或模糊进行处理。

1）快速模糊：该特效可以产生比高斯模糊更快的模糊效果。该特效面板参数如图5-84所示。其中：

"模糊量"：用于调整模糊的程度。值越大，模糊程度也越大。

"模糊方向"：用来设置模糊的方向。可以从下拉菜单中选择水平和垂直、水平和垂直方向上的模糊。

"重复边缘像素"：勾选左侧的复选框，可以排除图像边缘模糊。

2）摄像机模糊：该特效可以模拟一个摄像机镜头变焦时所产生的模糊效果。该特效面板参数如图5-85所示。其中：

图5-84 "快速模糊"特效参数设置

图5-85 "摄像机模糊"特效参数设置

"模糊百分比"：用来调整镜头模糊的百分比数量，值越大图像越模糊。

3）方向模糊：该特效可以指定一个方向，并使图像按这个指定的方向进行模糊处理，以产生一种运动的效果。该特效面板参数如图5-86所示。其中：

"方向"：用来设置模糊的方向。

"模糊长度"：用来调整模糊的大小程度。值越大，模糊的程度也越大。

图5-86 "方向模糊"特效参数设置

4）残像：该特效可以将前面几帧画面变成透明度渐小的画面，并将它们叠加到当前帧上，形成一种残像的效果，该特效只能应用在动态的素材图像上，才能产生效果。该特效没有可调整的参数，如果想使画面产生更多的残像，可以多次使用该特效。

5）消除锯齿：该特效主要是图像中对比度较大的颜色做平滑过渡处理，通过减少相邻像素间的对比度使图像变得柔和。该特效没有可调整的参数，如果想使画面更加平滑，可以多次使用该特效。

6）混合模糊：该特效可以根据时间线上指定轨道上的图像素材模糊效果。该特效面板参数如图5-87所示。其中：

"模糊图层"：可从右侧的下拉菜单中选择进行模糊的对应视频轨道，以进行模糊处理。

"最大模糊"：用来调整模糊的程度。值越大，模糊程度也越大。

"如果图像大小不同"：假如图层的尺寸不相同，勾选"伸展图层以适配"复选框，将自动调整图像到合适的大小。

"反相模糊"：勾选该复选框，将模糊效果反相处理。

7）通道模糊：该特效可以分别对图像的几个通道进行模糊处理。该特效面板参数如图5-88所示。其中：

图5-87 "混合模糊"特效参数设置

图5-88 "通道模糊"特效参数设置

"红""绿""蓝""Alpha模糊度"：用来对红、绿、蓝、Alpha这几个通道进行模糊处理。

"边缘特性"：勾选其右侧的"重复边缘像素"复选框，可以排除图像边缘模糊。

"模糊方向"：用来设置模糊的方向。可以从下拉菜单中水平和垂直、水平和垂直方向上的模糊。

8）锐化：该特效可以增强相邻像素的对比程度，从而达到提高图像清晰度的效果。该特效面板参数如图5-89所示。其中：

"锐化数量"：用于调整图像的锐化强度。值越大，锐化程度越明显。

9）非锐化遮罩：该特效可以应用半径和阈值对图像的色彩进行锐化处理。该特效面板参数如图5-90所示。其中：

图5-89 "锐化"特效参数设置　　　　图5-90 "非锐化遮罩"特效参数设置

"数量"：用来调整锐化强度，值越大，锐化程度越大。

"半径"：用来调整锐化的范围。值越大，锐化范围越大。

"阈值"：用来调整锐化的颜色值。值越大，锐化效果越小。

10）高斯模糊：该特效是通过高斯运算在图像上产生大面积的模糊效果，其参数与快速模糊的基本相同，这里不再赘述。

4. "生成"类视频特效

"生成"类视频特效可以在场景中产生炫目的光线效果。

1）书写：该特效模拟画笔笔迹和绘制过程，它一般与表达式合用，能展现精彩的图案效果 。该特效面板参数如图5-91所示。其中：

"画笔位置"：用来设置画笔的位置，通过在不同时间段设置关键帧修改位置，可以制作出书写动画效果。

"颜色"：用来设置画笔的绘画颜色。

"画笔大小"：用来设置画笔的笔触粗细。

"画笔硬度"：用来设置画笔笔触的柔化程度。

"画笔透明度"：用来设置画笔绘制时的颜色透明度。

"描边长度"：用来设置画笔的描边长度。

"画笔间距"：用来设置画笔笔触间的间距大小。设置较大的值，可以将画笔笔触设置成点状效果。

"绘画时间属性"：设置绘画时的属性。包括大小、硬度等，在绘制时是否将其应用到每个关键帧或整个动画中。

"上色样式"：设置书写的样式。

"在原始图像"：表示笔触直接在原图像上进行书写。

"在透明区域"：将在黑色背景上进行书写。

"显示原始图像"：将以类似蒙版的形式显示背景图像。

2）吸色管填充：该特效可以直接合用图像本身的某种颜色进行填充，并可调整亲笔签名的温和程度。该特效面板参数如图5-92所示。其中：

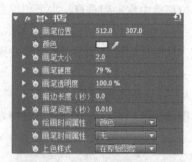
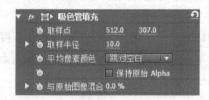

图5-91　"书写"特效参数设置　　图5-92　"吸色管填充"特效参数设置

"取样点"：用来设置颜色的取样点。

"取样半径"：用来设置颜色的容差值。

"平均像素颜色"：可从右侧的下拉菜单中选择平均像素颜色的方式。

"保持原始Alpha"：勾选该复选框，保持原始图像的Alpha通道。

"与原始图像混合"：设置混合特效与原图像间的混合比例，值越大越接近原图。

3）四色渐变：该特效可以为图像添加4种颜色，并使4种颜色混合产生渐变效果。该特效面板参数如图5-93所示。其中：

"位置和颜色"：用来设置4种颜色的中心点和各自的颜色，可以通过其选项中的位置/1/2/3/4来设置颜色的位置，通过颜色/1/2/3/4来设置4种颜色。

"混合"：设置4种颜色间的融合度。

"抖动"：设置各种颜色的杂点效果。值越大，产生的杂点越多。

"混合模式"：设置混合特效与的图像间的混合比例，值越大越接近原图。

4）圆：该特效可以为图像添加一个圆形图案，并可以利用圆形图案制作遮罩效果。该特效面板参数如图5-94所示。其中：

"居中"：用来设置圆形中心点的位置。

"半径"：用来设置圆形的半径大小。

图5-93 "四色渐变"特效参数设置

图5-94 "圆"特效参数设置

"边缘"：可从右侧的菜单中选择一种边缘效果，制作出环形图案。

"厚度"：根据边缘选项的不同而改变，用来修改边缘效果。

"羽化"：用来设置边缘的羽化程度。

"反相圆形"：勾选该复选框，将圆形空白与填充位置进行反转。

"颜色"：设置圆的颜色，可以单出颜色块或合用吸管来修改。

"透明度"：用来设置圆形的透明度。

"混合模式"：设置混合特效与原图像间的混合比例，值越大越接近原图。

5）棋盘：该特效可以为图像添加一种类似于跳棋棋盘格的效果。该特效面板参数如图5-95所示。其中：

"定位点"：设置棋盘格的位置。

"从以下位置开始的大小"：设置棋盘格的尺寸大小，包括角点、宽度滑块和宽度和高度滑块3个选项。

"边角"：通过后面的参数设置，修改棋盘格拉边角位置及棋盘格大小，只有在"从以下位置开始的大小"选项选择角点项时，此项才可以应用。

"宽度"：在"从以下位置开始的大小"选项选择宽度滑块项时，该项可以修改整个棋盘格等比例缩放；在"从以下位置开始的大小"选项选择宽度和高度滑块项时，该项可以修改棋盘格的宽度大小。

"高度"：修改棋盘格的高度大小。只有在"从以下位置开始的大小"选项选择宽度和高度滑块项时，此项才可以应用。

"羽化"：通过其选项组可以设置棋盘格子水平和垂直边缘的柔化程度。

"颜色"：设置棋盘格的颜色。

"透明度"：设置棋盘格的不透明程度。

"混合模式"：设置混合特效与原图像间的混合比例，值越大越接近原图。

6）椭圆：该特效可以为图像添加一个圆形的图案，并可以利用圆形图案制作遮罩效果。该特效面板参数如图5-96所示。其中：

"中心"：用来设置椭圆的中心点的位置。

"宽"：用来设置椭圆形的宽度值。

"高"：用来设置椭圆形的高度值。

图5-95 "棋盘"特效参数设置

图5-96 "椭圆"特效参数设置

"厚度"：根据边缘选项的不同而改变，用来修改边缘效果。

"柔化"：用来设置边缘的柔化程度。

"内侧颜色"：用来设置椭圆边的内侧颜色。

"外侧颜色"：用来设置椭圆边的外侧颜色。

"在原始图像上合成"：勾选该复选框，将以原始图像为背景显示椭圆。

7）油漆桶：该特效可以模拟油漆桶填充，可以将填充点的颜色填充为指定的颜色效果。该特效面板参数如图5-97所示。其中：

"填充点"：用来设置填充颜色的位置。

"填充选取器"：可以从右侧的下拉菜单中选择一种填充的形式。

"宽容度"：用来设置填充的范围。

"查看阈值"：勾选该复选框，可以将图像置换成灰色图像，以观察容差范围。

"描边"：可以从右侧的下拉菜单中选择一种笔画类型。并可以通过正文的参数来调整笔画的效果。

"反相填充"：勾选该复选框，将反转当前的填充区域。

"颜色"：设置用来填充的颜色。

"透明度"：设置填充颜色的不透明程度。

"混合模式"：设置与原图像间的混合模式，与Photoshop层的混合模式用法相同。

8）渐变：该特效可以产生色彩渐变效果，能与原始图像相融合产生渐变特效。该特效面板参数如图5-98所示。其中：

图5-97 "油漆桶"特效参数设置

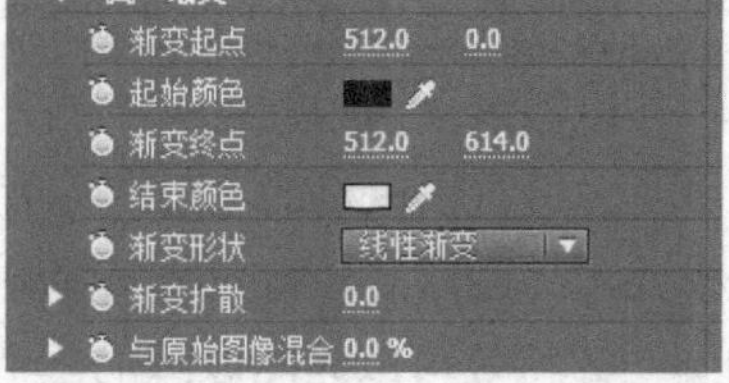

图5-98 "渐变"特效参数设置

"渐变起点"：设置渐变开始的位置。

"起始颜色"：设置渐变开始的颜色。

"渐变终点"：设置渐变结束的位置。

"结束颜色"：设置渐变结束的颜色。

"渐变形状"：选择渐变的形状，包括线性渐变和径向渐变两种方式。

"渐变扩散"：设置渐变的扩散程度。

"与原始图像混合"：设置与原图像的混合程度。

9）网格：该特效可以为图像添加网格效果。该特效面板参数如图5-99所示，其中：

"定位点"：通过右侧的参数可以调整网格水平和垂直的网格数量。

"从以下位置开始的大小"：从右侧的下拉菜单中可以选择不同的起始点。根据选择的不同，会激活正文不同的选项，包括角点、宽度滑块和宽度和高度滑块3个选项。

"边角"：通过后面的参数设置，修改网格的边角位置及网格的水平和垂直数量。只有在"从以下位置开始的大小"选项选择角点项时，此项才可以应用。

"宽度"：在"从以下位置开始的大小"选项选择宽度滑块项时，该项可以修改整个网格等比例缩放；"从以下位置开始的大小"选项选择高度滑块时，该项可以修改网格的宽度大小。

"高度"：修改网格的高度大小。只有在"从以下位置开始的大小"选项选择宽度和高度滑块项时，此项才可以应用。

"边框"：网格线的粗细。

"羽化"：通过其选项组可以设置网格线水平和垂直边缘的柔化程度。

"反相网格"：勾选该复选框，将反转显示网格效果。

"颜色"：设置网格线的颜色。

"透明度"：设置网格的不透明程度。

"混合模式"：设置混合特效与原图像间的混合比例，值越大越接近原图。

10）蜂巢图案：该特效可以为图像添加一种类似于细胞的效果。该特效面板参数如图5-100所示。其中：

图5-99 "网格"特效参数设置

图5-100 "蜂巢图案"特效参数设置

"单元格图案"：从右侧的下拉菜单中选择一种细胞的图案样式。

"反相"：勾选该复选框，将反转细胞图案效果。

"对比度"：设置细胞图案之间的对比度。

"溢出"：设置细胞图案边缘溢出部分的修整方式，包括剪切、软钳和折回3个选项。

"分散"：设置细胞图案的分散程度。如果值为0，则将产生整齐的细胞图案排列效果。

"大小"：设置细胞图案的大小尺寸。值越大，细胞图案也越大。

"偏移"：设置细胞图案的位置偏移。

"拼贴选项"：模拟陶瓷效果的相关设置。"启用拼贴"表示启用拼贴效果；"水平单元格/垂直单元格"用来设置单元格水平/垂直方向上的排列数量。

"演化"：细胞的进货变化设置，利用该项可以制作出细胞的扩展运动动画效果。

"演化选项"：设置图案的各种扩展变化。"循环演化"表示启用循环演化命令；"循环"设置循环次数；"随机植入"设置随机的动画速度。

11）镜头光晕：该特效可以模拟强光照射镜头，在图像上产生光晕效果。该特效面板参数如图5-101所示。其中：

"光晕中心"：设置光晕发光点的位置。

"光晕亮度"：用来调整光晕的亮度。

"镜头类型"：用于选择模拟的镜头类型，有3种透镜焦距："50-300毫米"是产生光晕并模仿太阳光的效果；"35毫米定焦"是只产生强烈的光，没有光晕；"105毫米定焦"是产生比前一种镜头更强的光。

"与原始图像混合"：设置混合特效与原图间的混合比例，值越大越接近原图。

12）闪电：该特效使图像上模拟闪电划过时所产生的效果，可以模拟产生类似闪电或是火花的光电效果。该特效面板参数如图5-102所示。其中：

图5-101 "镜头光晕"特效参数设置　　　图5-102 "闪电"特效参数设置

"起始点"：用于设置闪电开始点的位置。

"结束点"：用来设置闪电结束点的位置。

"线段"：用于设置闪电光线的段数。数值越大，闪电越曲折。

"波幅"：用来设置闪电波动的幅度。数值越大，闪电波动的幅度越大。

"细节层次"：设置闪电的分支细节，值越大，闪电越粗糙。

"细节波幅"：用来设置闪电分支的振幅大小。值越大，分支的波动越大。

"分支"：用来设置闪电主干上的分支数量。

"再分支"：用来设置闪电第二分支的数量。

"分支角度"：用来设置闪电主干和分支之间的角度。

"分支线段长度"：用来设置闪电各分支的长度。

"分支线段"：用来设置闪电分支的宽度。

"分支宽度"：用来设置闪电分支的粗细。

"速度"：用来设置闪电变化的速度。

"稳定性"：用来设置闪电稳定的程度。值越大，闪电变化越剧烈。

"固定端点"：勾选该复选框，可以把闪电的结束点限制在一个固定的范围内。取消该复选框，闪电结束点将产生随机摇摆。

"宽度"：用来设置闪电的粗细。

"宽度变化"：用来设置光线粗细的随机变化。

"核心宽度"：用来设置闪电的中心宽度。

"外部颜色"：用来设置闪电外边缘的颜色。

"内部颜色"：用来设置闪电内部的填充颜色。

"拉力"：用来设置闪电推拉时的力量。

"拉力方向"：用来设置拉力的作用方向。

"随机植入"：用来设置闪电的随机变化。

"混合模式"：设置与原图像间的混合模式，与Photoshop层的混合模式用法相同。

"模拟"：选择闪电运动过程中的变化情况，勾选"在每一帧处重新运行"复选框，可以在每一帧上重新运行。

≫ 任务实施

技能实战1 《图片的旋转与移动》——基本3D特效

技能实战描述：根据给定的素材和样片制作《图片的旋转与移动》视频，图片在旋转的过程中移动到另一个位置，效果如图5-103所示。

图5-103 《图片的旋转与移动》视频效果图

技能知识要点：新建项目与序列；应用字幕功能给图片加边框；图片的等比缩放；设置图片的位置移动动画；添加图片的基本3D特效，设置旋转效果。

技能实战步骤：

1）双击桌面上Premiere Pro CS6软件的快捷图标，启动Premiere Pro CS6软件。在项目名称文本框中输入"图片的旋转与移动"，在弹出的新建序列文件名称文本框中输入

"图片的旋转与移动序列01"，"序列预设"为"DV—PAL"下的"标准48kHz"。

2）给图片素材添加边框。在"项目"窗口中单击鼠标右键，在弹出的快捷菜单中，选择"新建分项"→"字幕"命令，在字幕制作框中，选择"矩形"工具，在字幕工作区中拖曳出一个矩形，在右侧的"属性"栏中的"图形类型"下拉选择菜单中，选择"标记"，单击"标记位图"右侧的按钮 标记位图 ，打开"选择材质图像"对话框，选择素材文件夹中的"m1.jpg"图片，单击"打开"按钮；单击"字幕属性"栏中的"描边"→"外侧边"右侧的"添加"按钮，在外侧边的"颜色"中选择"白色"，如图5-104所示。单击字幕制作对话框的"关闭"按钮，完成第1个图片的边框添加工作。

图5-104　图片添加边框设置

在"项目"窗口中，右击"字幕01"，在弹出的快捷菜单中选择"复制"命令，在"项目"窗口中"粘贴"，右击刚复制好的"字幕01"，右击进行"重命名"，命名为"字幕02"，双击"字幕02"，打开字幕制作对话框，单击单击"标记位图"右侧的按钮 标记位图 ，打开"选择材质图像"对话框，选择素材文件夹中的"m2.jpg"图片，单击"打开"按钮，图片内容被替换，单击字幕制作对话框的"关闭"按钮，完成第2个图片的边框添加工作。

依照同样方法，制作第3个图片及第4个图片的边框添加工作。

3）导入背景素材。在"项目"窗口中双击，打开"导入"对话框，选择素材文件夹中的"生活场景.mov"，单击"打开"按钮。

4）将"生活场景.mov"背景素材拖曳到"时间线"窗口的"视频1"轨中，右击"视频1"轨中的素材，在弹出的快捷菜单中选择"缩放为当前画面大小"命令。

5）将"项目"窗口中的"字幕1"拖到"视频2"轨中，并设置时长为5s24帧，因为背景素材时长为5s24帧。

将当前时间指针置于0s处，设置当前的位置参数和缩放比例参数。打开"特效控制台"

窗口，展开"运动"参数选项，复选"等比缩放"选项，设置"缩放比例"为"50.0"；单击"位置"左边的"切换动画"按钮，设置"位置"的第1个关键帧，修改位置参数为"552.0，435.0"，如图5-105所示。

6）依照5）的方法，将"项目"窗口中的"字幕2"拖到"视频3"轨中，并设置时长为5s24帧。设置"缩放比例"为"50.0"，单击"位置"左边的"切换动画"按钮，设置"位置"的第1个关键帧，修改位置参数为"552.0，140.0"。

7）将"项目"窗口中的"字幕3"拖到"视频4"轨中，并设置时长为5s24帧。设置"缩放比例"为"50.0"，单击"位置"左边的"切换动画"按钮，设置"位置"的第1个关键帧，修改位置参数为"180.0，140.0"。

8）将"项目"窗口中的"字幕4"拖到"视频5"轨中，并设置时长为5s24帧。设置"缩放比例"为"50.0"，单击"位置"左边的"切换动画"按钮，设置"位置"的第1个关键帧，修改位置参数为"180.0，435.0"，此时，节目窗口如图5-106所示。

图5-105　0s处的参数设置

图5-106　0s处的"节目"窗口

9）单击选定"视频2"轨中的素材"字幕1"，将当前指针置于"00:00:05:23"处，单击"特效控制台"中"位置"后面的"添加/移除关键帧"按钮，设定第2个关键帧，修改该关键帧的参数为"552.0，140.0"（也就是0s时"字幕2"的位置）。

10）单击选定"视频3"轨中的素材"字幕2"，将当前指针置于"00:00:05:23"处，单击"特效控制台"中"位置"后面的"添加/移除关键帧"按钮，设定第2个关键帧，修改该关键帧的参数为"180.0，140.0"（也就是0s时"字幕3"的位置）。

11）单击选定"视频4"轨中的素材"字幕3"，将当前指针置于"00:00:05:23"处，单击"特效控制台"中"位置"后面的"添加/移除关键帧"按钮，设定第2个关键帧，修改该关键帧的参数为"180.0，435.0"（也就是0s时"字幕4"的位置）。

12）单击选定"视频5"轨中的素材"字幕4"，将当前指针置于"00:00:05:23"处，单击"特效控制台"中"位置"后面的"添加/移除关键帧"按钮，设定第2个关键帧，修改该关键帧的参数为"552.0，435.0"（也就是0s时"字幕1"的位置），此时，节目窗口如图5-107所示。

图5-107　"00:00:05:23"时的"节目"窗口

13）为每个素材设置"旋转"效果。将当前指针置于"00:00:00:00"处，将"效果"→"视频特效"→"透视"→"基本3D"特效拖曳到"视频2"轨中的"字幕1"素材上，打开"特效控制台"窗口，单击"旋转"特效左侧的"切换动画"按钮，设置第1个关键帧，如图5-108所示。

将当前指针置于"00:00:05:23"处，打开"特效控制台"窗口，单击"旋转"特效右侧的"添加/删除关键帧"按钮，设置第2个关键帧，并调整旋转参数为 4x0.0° ，"特效控制台"窗口如图5-109所示。

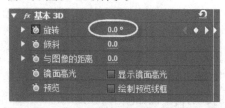

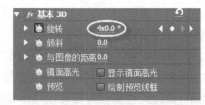

图5-108 "00:00:00:00"处"旋转"参数　　　　图5-109 "00:00:05:23"处"旋转"参数

由于每个素材的"旋转"特效属性相同，可以采取复制属性的方法。单击选定"时间线"窗口中"字幕1"素材，在"特效控制台"中，单击选定"基本3D"特效，按<Ctrl+C>组合键进行复制；单击选定"时间线"窗口中"字幕2"素材，打开其"特效控制台"，按<Ctrl+V>组合键进行粘贴。

依照同样方法，对"字幕3"素材、"字幕4"素材添加"基本3D"特效。

技能实战2　画中画——边角固定特效

技能实战描述：根据给定的素材和样片制作《边角固定——画中画》视频，一个人手拿一个镜框，另一个视频在这个镜框中播放，效果如图5-110所示。

图5-110 《边角固定——画中画》视频效果图

技能知识要点：新建项目与序列；利用"色彩平衡（HLS）"特效改变背景素材的色相和饱和度；利用"边角固定"特效设置画中画的大小和位置；利用"运动"中的"旋转"参数设置画中画的旋转角度。

技能实战步骤

1）双击桌面上Premiere Pro CS6软件的快捷图标，启动Premiere Pro CS6软件。在项目名称文本框中输入"画中画"，在弹出的新建序列文件名称文本框中输入"画中画序列01"，"序列预设"为"DV—PAL"下的"标准48kHz"。

2）导入素材。在"项目"窗口中双击，在打开的"导入素材"对话框中，选择素材文件夹中的"背景.jpg"图片素材和"美女风景.mov"视频素材，单击"打开"按钮。

3）素材上线。将"项目"窗口中的"背景.jpg"拖曳到"时间线"窗口的"视频1"轨中，将"美女风景.mov"视频素材拖曳到"时间线"窗口的"视频2"轨中，鼠标指针放置于"视频1"轨中"背景.jpg"的出点处，鼠标变成 时，向右拖动鼠标与"美女风景.mov"的出点对齐。

4）调节背景色彩。单击选定"视频1"轨中的"背景.jpg"，将"效果"→"视频特效"→"色彩校正"→"色彩平衡（HLS）"特效拖曳到"背景.jpg"上，在"特效控制台"中，设定"色相"为"20.00"，"明度"为"2.0"，饱和度为"30.0"，参数设置如图5-111所示。

5）单击选定"视频2"轨中的"美女风景.mov"，在"特效控制台"中，展开"运动"特效选项，将"旋转"参数设定为"13.00"；将"效果"→"视频特效"→"扭曲"→"边角固定"特效拖曳到"美女风景.mov"上，在"特效控制台"中，单击"边角固定"特效名称，"节目"窗口中的素材4个角上会出现可调节的圆圈按钮，分别拖曳这4个圆圈按钮到背景素材的镜框的4个角上，"特效控制台"参数如图5-112所示。

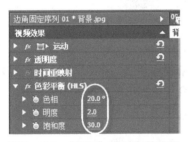
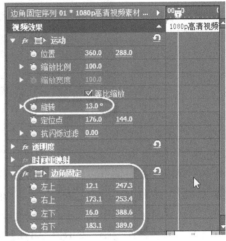

图5-111 "背景"素材参数设置　　　　图5-112 "美女风景"素材参数设置

6）单击"节目"窗口中的"播放"按钮，预览效果。

技能实战3　放大镜——放大特效

技能实战描述：根据给定的素材和样片，制作《放大镜——红旗渠》视频，放大镜对图片中的文字进行放大，放大镜逐步移动，相应的文字进行放大。效果如图5-113所示。

图5-113 《放大镜——红旗渠》视频效果图

技能知识要点：新建项目与序列；利用字幕制作工具制作带标记图片及文字的字幕；利用"放大"特效设置字幕中文字的放大效果；利用"运动"中的"位置"参数设置关键帧，实现放大镜素材的移动动画。

技能实战步骤

1）双击桌面上Premiere Pro CS6软件的快捷图标，启动Premiere Pro CS6软件。在项目名称文本框中输入"放大镜"，在弹出的新建序列文件名称文本框中输入"放大镜序列01"，"序列预设"为"DV—PAL"下的"标准48kHz"。

2）导入素材。在"项目"窗口中双击，在打开的"导入素材"对话框中，选择素材文件夹中的"放大镜.psd"图片素材，单击"打开"按钮，弹出"导入分层文件"对话框，在对话框中，选择"合并所有图层"选项，单击"确定"按钮，如图5-114所示。

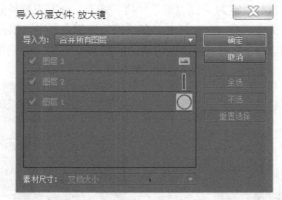

图5-114 "导入分层文件"对话框

3）制作字幕。在"项目"窗口中右击，在弹出的快捷菜单中选择"新建分项"→"字幕"命令，弹出字幕对话框，单击"确定"按钮，弹出字幕制作窗口。在"字幕制作"窗口的"字幕工作区"中右击，选择"标记"→"插入标记"命令，在弹出的"导入图像为标记"对话框中，选择素材文件夹中的"蓝白背景.tga"图片素材，单击"打开"按钮。并调整图片大小撑满整个"字幕制作"框，如图5-115所示。

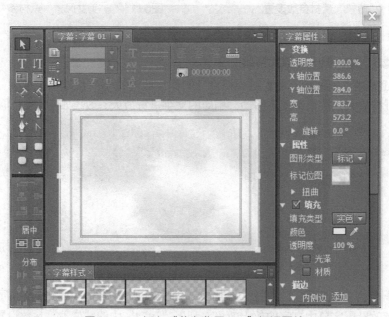

图5-115 插入"蓝白背景.tga"标记图片

再次插入标记图片"红旗渠.jpg"，并调整图片位置及大小；单击"区域文字工具"按钮，拖曳出一个文本区域框，设定字体为 STKaiti ，字体大小为"25.0"，行距为"3.0"，填充颜色为"黑"色。打开素材文件夹中的"红旗渠介绍.txt"文本文件，复制所有文字，在字幕制作窗口中，单击鼠标右键，选择"粘贴"命令，如图5-116所示。单击字幕制作窗口的关闭按钮，完成字幕制作。

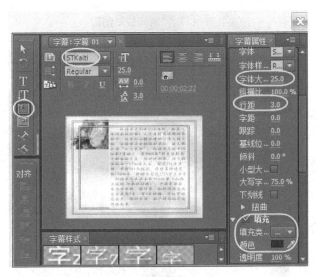

图5-116　字幕制作窗口

4）素材上线。将"项目"窗口中的"字幕01"拖曳到"时间线"窗口的"视频1"轨中，设置字幕素材的"速度/持续时间"为10s。

将"放大镜.psd"素材拖曳到"时间线"窗口的"视频2"轨中，调整其位置参数，设定"位置"为"190，452"，"缩放比例"为"200.0"，同时将"放大镜.psd"素材的"速度/持续时间"设置为10s，时间线窗口如图5-117所示。节目窗口如图5-118所示。

5）设置"放大镜.psd"素材的位置移动动画。

① 单击选定"视频2"轨上的"放大镜.psd"素材，切换到"特效控制台"，将时间置于"00:00:00:00"处，单击"位置"左边的"切换动画"按钮，设置第1个关键帧，"位置"参数为"190，452"。

② 将时间置于"00:00:00:10"处，单击"添加/移除关键帧"按钮，"位置"参数不变，还是"190，452"，此关键帧作用为"定帧"，使得放大镜暂停10帧的时间。

③ 将时间置于"00:00:01:00"处，单击"添加/移除关键帧"按钮，"位置"参数设置为"397，236"，使得"放大镜"置于文字的开始位置，即文字第1行的左边。

④ 将时间置于"00:00:01:10"处，单击"添加/移除关键帧"按钮，"位置"参数还是"397，236"，作用为"定帧"。

⑤ 将时间置于"00:00:03:00"处，单击"添加/移除关键帧"按钮，设置"位置"参数为"646，236"，使得放大镜处于第1行文字的右边。

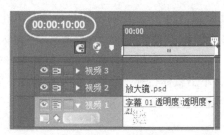

图5-117 "时间线"窗口

图5-118 "节目"窗口

⑥ 将时间置于"00:00:03:10"处，单击"添加/移除关键帧"按钮◆，设置"位置"参数还是"646，236"，作用为"定帧"。

⑦ 将时间置于"00:00:04:00"处，单击"添加/移除关键帧"按钮◆，设置"位置"参数为"376，318"，使得"放大镜"处于第2行的左端。

⑧ 将时间置于"00:00:04:10"处，单击"添加/移除关键帧"按钮◆，设置"位置"参数还是"376，318"，作用为"定帧"。

⑨ 将时间置于"00:00:06:00"处，单击"添加/移除关键帧"按钮◆，设置"位置"参数为"646，318"，使得"放大镜"处于第2行的右端。

⑩ 将时间置于"00:00:06:10"处，单击"添加/移除关键帧"按钮◆，设置"位置"参数还是"646，318"，作用为"定帧"。

依此类推，制作放大镜的移动动画。

注意

设定"定帧"的作用是暂停一下，否则，会发现放大镜始终在不停地运动。另外，设置放大镜运动，运动速度要慢一点，以免移动太快，看不清楚放大的内容。

6）对"字幕01"素材添加"放大"特效。目的是，当放大镜移动到"字幕01"上的文字时，放大镜内容呈现出来的被放大的效果，这需要通过添加"放大"视频特效来实现，而"放大镜"素材本身只是一张图片，并不具备放大功能。

将"效果"→"视频特效"→"扭曲"→"放大"特效拖曳到"视频1"轨中的"字幕01"素材上。

① 在"00:00:00:00"处，打开"特效控制台"窗口，设置"放大"特效参数：单击"居中"左侧的"切换动画"按钮，设置参数为"309，86"；单击"大小"左侧的"切换动画"按钮，设置"大小"参数为"1.0"；单击"放大率"左侧的"切换动画"按钮，设置"放大率"为"200.0"，如图5-119所示。右击"大小"参数右侧的第1个关键帧，在弹出的快捷菜单中，选择"保持"命令，使得保持这个参数不变，直到出现下一个关键帧。

② 将当前指针置于"00:00:01:00"处，打开"特效控制台"窗口，单击"居中"右侧的"添加/删除关键帧"按钮，设定"居中"为"309，86"；单击"大小"右侧的"添加/删除关键帧"按钮，设定"大小"参数为"100.0"，如图5-120所示。

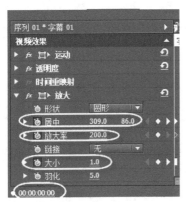
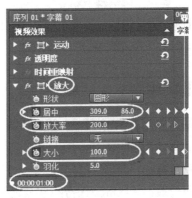

图5-119 "00:00:00:00"处"特效控制台"参数　图5-120 "00:00:01:00"处"特效控制台"参数

③ 将当前指针置于"00:00:01:10"处，打开"特效控制台"窗口，单击"居中"右侧的"添加/删除关键帧"按钮，设定"居中"为"309，86"，设置这个参数与前一个关键帧参数相同的值，是为了与"放大镜"运动同步。

④ 将当前指针置于"00:00:03:00"处，打开"特效控制台"窗口，单击"居中"右侧的"添加/删除关键帧"按钮，设定"居中"为"607，86"。

⑤ 将当前指针置于"00:00:03:10"处，打开"特效控制台"窗口，单击"居中"右侧的"添加/删除关键帧"按钮，设定"居中"为"607，86"，作用是"定帧"。

⑥ 将当前指针置于"00:00:04:00"处，打开"特效控制台"窗口，单击"居中"右侧的"添加/删除关键帧"按钮，设定"居中"为"284，160"，使得"放大"特效置于第2行文字的左端。

⑦ 将当前指针置于"00:00:04:10"处，打开"特效控制台"窗口，单击"居中"右侧的"添加/删除关键帧"按钮，设定"居中"为"284，160"，作用是"定帧"。

⑧ 将当前指针置于"00:00:06:00"处，打开"特效控制台"窗口，单击"居中"右侧的"添加/删除关键帧"按钮，设定"居中"为"607，160"，使得"放大"特效置于第2行文字的右端。

⑨ 将当前指针置于"00:00:06:10"处，打开"特效控制台"窗口，单击"居中"右侧的"添加/删除关键帧"按钮，设定"居中"为"607，160"，作用是"定帧"。

依此类推，可以继续做放大效果的动画。

7）单击"节目"窗口中的"播放"按钮，预览效果。

➤ 知识拓展

1. "时间"类视频特效

"时间"类视频特效可以控制素材的时间特效，产生跳帧和重影效果。

1）抽帧：通过改变素材播放的帧速率来回放素材，输入较低的帧速率会产生跳帧的效果。

2）重影：可以混合同一素材中不同的时间帧，从而产生条纹或反射效果。

2. "视频"类视频特效

"视频"类视频特效只有"时间码"一种类型，主要用于在素材中显示时间码或帧数量信息。

3. "过渡"类视频特效

"过渡"类视频特效类似于视频转场特效，是在两个素材之间进行切换的视频特效，它包括"块溶解""径向擦除""渐变擦除""百叶窗""线性擦除"5种特效。

➤ 巩固与提高

实战延伸1　水中倒影——镜像特效

效果描述：根据给定的素材，制作出"水中倒影"镜像效果，效果如图5-121所示。

素材位置："项目5／任务2/素材/实战延伸1素材"。

项目位置："项目5/任务2/实战延伸1"。

实战操作知识点：

1）新建项目与序列。

2）导入"车.jpg"和"水面.jpg"素材。

3）将"项目"窗口中的"车.jpg"素材拖曳到"视频1"轨中，将"水面.jpg"素材拖曳到"视频2"轨中。

4）将"效果"→"视频特效"→"扭曲"→"镜像"视频特效拖曳到"视频1"轨中的"车.jpg"素材上。打开"特效控制台"，展开"镜像"特效，将"反射中心"设置为"922，626"，"反射角度"设为"88"。

图5-121　效果截图

5）单击选定"视频2"轨中的"水面.jpg"，打开"特效控制台"，展开"透明度"选项，设置为80%。

6）将"效果"→"视频特效"→"变换"→"裁剪"视频特效拖曳到"视频2"轨中的"水面.jpg"素材上。打开"特效控制台"，展开"裁剪"特效，将"顶部"设为78%。

7）编辑水面亮度。将"效果"→"视频特效"→"调整"→"照明效果"视频特效拖曳到"视频2"轨中的"水面.jpg"素材上。打开"特效控制台"，展开"照明效果"下的"光照1"选项，"灯光类型"设置为"全光源"，"中心"设置为"500，400"，"主要半径"为"30"，"强度"为"40"。

实战延伸2　时尚生活——球面化特效

效果描述：根据给定的素材，制作出《时尚生活》"球面化"效果。利用"字幕"命令编辑文字，利用"彩色浮雕"特效制作文字的浮雕效果，效果如图5-122所示。

图5-122　效果截图

素材位置："项目5/任务2/素材/实战延伸2素材"。

项目位置："项目5/任务2/实战延伸2"。

实战操作知识点：

1）新建项目与序列。

2）导入"背景.mov"素材。

3）将"项目"窗口中的"背景.mov"素材拖曳到"视频1"轨中，将当前指针定位于"00:00:05:00"处，单击"工具箱"中的"剃刀"工具将"背景.mov"素材剪断，单击选定后一段素材，按<Delete>键删除。

4）在"项目"窗口中新建字幕，在字幕制作框中，单击"输入"工具按钮**T**，输入"时尚生活"，设置字幕属性，设置"字体"为 STLiti ；"大小"为"100"，填充颜色为"橘红"色，关闭字幕制作窗口。

5）将"项目"窗口中的"字幕01"素材拖曳到"视频2"轨中。将"效果"→"视频特效"→"风格化"→"彩色浮雕"视频特效拖曳到"视频2"轨中的"字幕01"素材上。打开"特效控制台"窗口，展开"彩色浮雕"特效，设置参数"方向"为"780"；"凸现"为"2.5"，"对比度"为"160"。

6）将"效果"→"视频特效"→"扭曲"→"球面化"视频特效拖曳到"视频2"轨中的"字幕01"素材上。将当前时间指针置于"00:00:00:00"处，在"特效控制台"窗口中，将"球面中心"选项设置为"100，288"，单击"半径"和"球面中心"前的"切换动画"按钮，设置第1个关键帧，此时"半径"为"0"。将时间指针置于"00:00:01:00"处，在"特效控制台"窗口中，将"半径"选项设置为"250"，"球面中心"选项设置为"150，288"。

7）将当前时间指针置于"00:00:04:00"处，在"特效控制台"窗口中，将"球面中心"选项设置为"500，288"，将"半径"选项设置为"250"。

8）将当前时间指针置于"00:00:05:00"处，在"特效控制台"窗口中，将"球面中心"选项设置为"600，288"，将"半径"选项设置为"0"。

练习题5

1. 填空题

1）视频特效可以添加到视频、图片和文字上。可以为同一段素材添加＿＿＿＿个或＿＿＿＿个视频特效，也可以为视频中的＿＿＿＿＿＿＿＿添加视频特效。

2）添加视频特效后，在＿＿＿＿＿＿＿＿窗口中，根据需要，对一些相应的特效参数进行设置。

3）在"特效控制台"窗口中，选中某关键帧，然后按＿＿＿＿＿＿＿＿键，可以删除该关键帧。

4）在"特效控制台"窗口中，单击选中要删除的某个特效，按键盘上的＿＿＿＿＿＿＿＿，可以删除该特效。

5）＿＿＿＿＿＿＿＿类视频特效可以为素材添加各种透视效果，如三维、阴影、倾斜等。

6）＿＿＿＿＿＿＿＿类特效可以让素材形状产生二维或三维变化，也可以使图像进行翻转，还可以将素材中不需要的部分进行裁剪。

7）＿＿＿＿＿＿＿＿即利用多种特效，剔除影片中的背景。

8）在"特效控制台"中，单击特效选项前面的＿＿＿＿＿＿＿＿按钮，可以为素材在当前时间指针所在位置添加一个特效关键帧。

2. 选择题

1）下列哪项不是"键控"特效中的内容（　　　　）。

　　A. 移除遮罩　　　　　B. Alpha倾斜　　　　C. 轨道遮罩键　　　　D. 色度键

2）下列哪些特效需要在设置中指定一个视频轨道（　　　　）。

　　A. 图像遮罩键　　　　B. 轨道遮罩键　　　　C. Alpha调整　　　　D. 色度键

3）如果场景中一些不需要的东西被拍摄进来，使用下列哪个特效可以屏蔽杂物（　　　　）。

　　A. 色键　　　　　　　B. N点无用遮罩　　　C. 遮罩　　　　　　　D. 运动

4）马赛克特效属于（　　　　）类特效之中。

　　A. 键控　　　　　　　B. 风格化　　　　　　C. 透视　　　　　　　D. 变换

项目6 调 色

学习目标

➢ 了解视频调色基础知识。

➢ 了解Premiere Pro CS6软件常用的3类"调色"的视频特效。

➢ 掌握"调色"特效的设置方法及参数的调整。

在影视制作后期，经常需要对拍摄的素材进行颜色调整，即调色。Premiere Pro CS6包含了一些专门用于改变图像亮度、对比度和颜色的特效，主要有"调整""图像控制"和"色彩校正"3类视频特效。

任务 视频调色

➤ 知识准备

1. "调整"类视频特效

如果需要调整素材的亮度、对比度、色彩和通道，修复素材的偏色或者曝光不足等缺陷，制作特殊的色彩效果，则使用"调整"类视频特效效果比较好。

1）卷积内核：该特效是按照一种预先指定的数学计算方法对素材中像素的颜色进行运算，以改变图像中每一个像素的亮度值。该特效参数面板如图6-1所示。其中：

"M11～M33"：代表像素亮度增效的矩阵，其参数值在-30～30之间。

"偏移"：调整画面色彩明暗程度的偏移量，计算结果要与此值相加。

图6-1 "卷积内核"特效参数设置

"缩放"：设置一个参数值，用计算操作中包含的像素之和除以该值。

2）基本信号设置：该特效可以对图像进行亮度、对比度、色相和饱和度的综合调整，还可以应用分割屏幕，局部调整图像的色彩，以制作出逐渐变色的动画效果。该特效参数面板如图6-2所示。其中：

"亮度"：用来调整图像的明亮程度。

"对比度"：用来调整图像的对比程度。

"色相"：用来调整图像的色彩。

"饱和度"：用来调整图像的色彩饱和程度。

"拆分屏幕"：勾选该复选框，将进行屏幕拆分。

"拆分百分比"：用来调整分割屏幕的百分比大小。

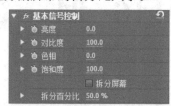

图6-2 "基本信号设置"特效参数设置

3）提取：该特效将图像转化成灰度蒙版效果，可以通过定义灰度级别来控制灰度图像的黑白比例。该特效参数面板如图6-3所示。其中：

"输入黑色阶"：用来调整图像中黑色的比例。

"输入白色阶"：用来调整图像中白色的比例。

"柔和度"：用来调整图像的灰度，数值越大，其灰度越高。单击"提取"特效名称右侧的"设置"按钮 →🖿 ，弹出如图6-4所示的"提取设置"对话框。

图6-3 "提取"特效参数设置

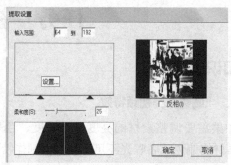

图6-4 "提取设置"对话框

4）照明效果：该特效可以为图像添加灯光效果，并通过参数的调整制作出多种不同的光效。该特效参数面板如图6-5所示。其中：

"光照1"：用来添加灯光效果，光照2、3、4、5也是添加灯光效果，可以同时添加多盏灯效，也可以只添加一盏灯效。灯效的参数设置都是一样的，这里以灯光1为例。

"灯光类型："只可以从下拉菜单中选择灯光类型，"无"表示不添加光效，其中还包括平行光、全光源、点光源。

"照明颜色"：单击右侧的"色块"，可以打开；"颜色拾取"对话框，可从中选择一种灯光的颜色；也可以单击右侧的吸管，在"节目监视器"窗口中的素材上吸取一种颜色来作为灯光的颜色，如图6-6所示。

"中心"：在右侧X、Y轴数值区中输入数值，可以改变当前灯光的位置。

"主要半径"：用来调整主光的半径值。

"次要半径"：用来调整辅助光的半径值。

"角度"：用来调整灯光的角度。

"强度"：用来调整灯光的强烈程度。

"聚焦"：用来调整灯光的边缘羽化程度。

"环境照明色"：用来设置周围环境的颜色。可以通过"颜色拾取"对话框和吸管来完成。

"环境照明强度"：用来调整周围环境光的强烈程度。

"表面光泽"：用来调整表面的光泽强度。

"表面质感"：用来设置表面的材质效果。

"曝光度"：用来调整灯光的曝光大小。

"凹凸层"：用来设置产生浮雕的轨道，可以选择无；也可以选择某个视频轨道，这里的轨道数量与时间线上的视频轨道相对应。

"凹凸通道"：用来设置产生浮雕的通道，可以选择红、绿、蓝或Alpha。

"凹凸高度"：用来调整浮雕的大小。

"白色部分凸起"：用来反转浮雕的方向。

图6-5 "照明效果"特效参数设置

图6-6 "颜色拾取"对话框

5）自动对比度：该特效将对图像进行自动对比度的调整，图像值如果和自动对比度的值相近时，图像应用该特效后变化效果较小。该特效参数面板如图6-7所示。其中：

"瞬间平滑"：用来设置时间滤波的时间（以s为单位）。

"场景检测"：勾选该复选框，将实行场景检测。

"减少黑色像素"：设置图像黑色区域的面积。

"减少白色像素"：设置图像白色区域的面积。

"与原始图像混合"：设置混合的初始状态。用来控制与源素材的混合百分比。

6）自动色阶：该特效将对图像进行自动色阶的调整，图像值如果和自动色阶的值相近时，图像应用该特效后变化效果较小。该特效参数面板如图6-8所示。"自动色阶"参数与"自动对比度"参数相同。

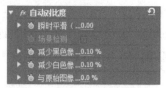
图6-7 "自动对比度"参数设置

图6-8 "自动色阶"参数设置

7）自动颜色：该特效将对图像进行自动色彩的调整，图像值如果和自动色彩的值相近时，图像应用该特效后变化效果较小。该特效参数面板如图6-9所示。其中：

"瞬间平滑"：用来设置时间滤波的时间（以s为单位）。

"场景检测"：勾选该复选框，将实行场景检测。

"减少黑色像素"：设置图像黑色区域的面积。

"减少白色像素"：设置图像白色区域的面积。

"对齐中性中间调"：勾选该复选框，将对中间色调进行吸附设置。

"与原始图像混合"：设置混合的初始状态。用来控制与源素材的混合百分比。

8）阴影/高光：该特效用于对图像中的阴影和高光部分的调整。该特效参数面板如图6-10所示。其中：

"自动数量"：勾选右侧的复选框，对图像进行自动阴影和高光的调整。应用此项后，阴影数量和高光数量将不能使用。

"阴影数量"：用来调整图像的阴影数量。

"高光数量"：用来调整图像的高光数量。

"瞬间平滑"：用来设置时间滤波的时间（以s为单位）。只有勾选了自动数量，此项才可以应用。

"场景检测"：勾选该复选框，将进行场景检测。

"更多选项"：可以通过展开参数对阴影和高光数量、范围、宽度、色彩进行更细致的修改。

"与原始图像混合"：用来调整初始状态的混合。

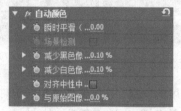
图6-9 "自动颜色"参数设置

图6-10 "阴影/高光"参数设置

9）色阶：该特效实际上将亮度、对比度、色彩平衡等功能结合在一起，对图像进行明度、阴暗层次和中间色彩的调整、保存和载入设置等。该特效参数面板如图6-11所示。单击"色阶"名称右侧的"设置"按钮，弹出如图6-12所示的"色阶设置"对话框。其中：

"通道"：用来选择要调整的通道。RGB通道、红色通道、绿色通道和蓝色通道4个选项。

"输入色阶"：拖动滑块或在输入框中输入数值来调色。X轴表示亮度值从左边的最暗（0）到最右边的最亮（225），Y轴表示某个数值下的像素数量。黑色滑块是暗调色彩；白色滑块是亮调色彩；灰色滑块，可以调整中间色调。

"输出色阶"：拖动滑块或在输入框中输入数值可以调整图像的亮度。向右拖动黑色滑块只可以消除在图像中最暗的值；向左拖动白色滑块则可以消除在图像中最亮的值。

"载入"：导入以前存储的设置。

"存储"：保存当前的设置。

图6-11　"色阶"参数设置

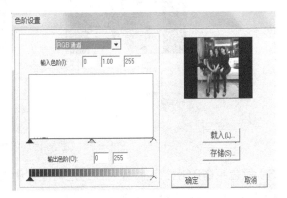

图6-12　"色阶设置"对话框

2. "图像控制"类视频特效

1）灰度系数（Gamma）校正：该特效可以通过改变图像中间色调的亮度，实现在不改变图像高亮区域和低暗区域的情况下，让图像变得更明亮或更暗。该特效参数面板如图6-13所示。其中：

"灰度系数（Gamma）"：用来修正颜色的Gamma值，值越大，图像越暗；值越小图像越亮。

图6-13　"灰度系数（Gamma）校正"参数设置

2）色彩传递：该特效可以将图像中指定颜色保留，而其他颜色转化成灰度效果。该特效参数面板如图6-14所示。单击"色彩传递"名称右侧的"设置"按钮，弹出如图6-15所示的"色彩传递设置"对话框。其中：

"素材示例"：将鼠标移动此图像中，可以直接单击吸取要进行颜色过滤的颜色。

"输出示例"：修改后的最终效果。

"颜色"：用来设置要保留的颜色值。

"相似性"：设置颜色的容差值，值越大颜色的范围也就越大。

"反向"：勾选该复选框，将保留的颜色进行反转。

图6-14 "色彩传递"参数设置

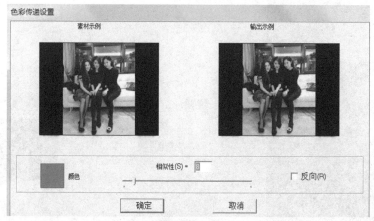

图6-15 "色彩传递设置"对话框

3）颜色平衡RGB：该特效可以通过对图像中的红色、绿色和蓝色的调整来改变图像色彩。该特效参数面板如图6-16所示。其中：

"红色"：用来调整图像中红色所占的比例。正值红色加深，负值红色降低。

"绿色"：用来调整图像中绿色所占的比例。正值绿色加深，负值绿色降低。

"蓝色"：用来调整图像中蓝色所占的比例。正值蓝色加深，负值蓝色降低。

图6-16 "颜色平衡RGB"参数设置

4）颜色替换：该特效可以将图像中指定的颜色替换成其他的颜色效果。该特效参数面板如图6-17所示。单击"设置"按钮，弹出"颜色替换设置"对话框，如图6-18所示。其中：

"目标颜色"：用来设置要进行替换的颜色，也可以从"节目监视器"窗口中单击吸取。

"替换颜色"：设置替换的颜色，可以单击颜色块修改，也可以从"节目监视器"窗口中吸取。

"相似性"：设置颜色的容差值，值越大颜色的范围也就越大。

"纯色"：勾选该复选框，替换后的颜色将以纯色显示。

图6-17 "颜色替换"参数设置

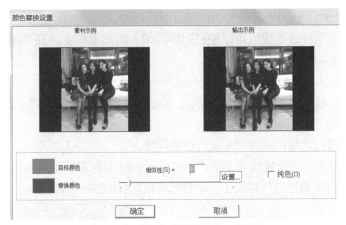

图6-18 "颜色替换设置"对话框

5）黑白：该特效可以将彩色图像转换成黑白图像，该特效没有可调整的参数。

3. "色彩校正"类视频特效

"色彩校正"类视频特效主要用于对视频素材进行颜色校正。

1）RGB曲线：该特效可以通过对红、绿、蓝进行曲线的调整，通过调整来校正图像的色彩。该特效参数面板如图6-19所示。

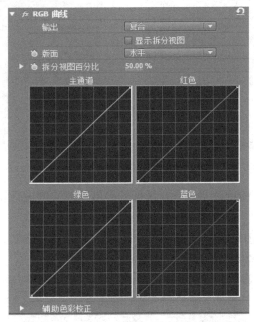

图6-19 "RGB曲线"参数设置

2）RGB色彩校正：该特效可以通过对红、绿、蓝的调整，达到对图像色彩的校正。该特效参数面板如图6-20所示。其中：

"输出"：选择用于输出的形式。

"显示拆分视图"：勾选该复选框，可以开启剪切视图，以制作动画效果。

"版面"：用于设置剪切视图的方式，有水平和垂直两个选项供选择。

"拆分视图百分比"：用于调整剪切视图时的百分比。

"色调范围定义"：该选项组可以通过阴影阈值、阴影柔和度、高光阈值和高光柔和度4个选项来进行色调的调节。

"色调范围"：从右侧的下拉菜单中可以选择一种调节颜色的范围。

"灰度系数"：用来调节图像的加玛级别。值越大，图像越亮；值越小，图像越暗。

"基值"：设置图像调节的基础值。

"RGB"：通过红、绿、蓝对图像进行色调调整。

3）三路色彩校正：该特效包含了快速色彩校正和RGB色彩校正等多种特效的混合，通过更多的选项和参数对图像进行色彩校正。该特效参数面板如图6-21所示。

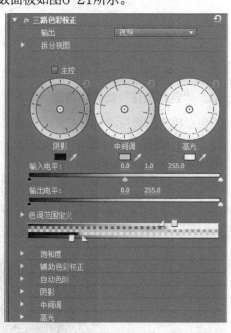

图6-20 "RGB色彩校正"参数设置　　　　图6-21 "三路色彩校正"参数设置

4）亮度与对比度：该特效主要是对图像的亮度和对比度进行调节。该特效参数面板如图6-22所示。其中：

"亮度"：用来调整图像的亮度，正值亮度提高，负值亮度降低。

"对比度"：用来调整图像的对比度。

图6-22 "亮度与对比度"参数设置

5）亮度曲线：该特效可以通过亮度曲线调整，对图像进行色彩和色阶方面的校正。该特效参数面板如图6-23所示。其中：

"输出"：选择用于输出的形式。

"显示拆分视图"：勾选该复选框，可以开启剪切视图，以制作动画效果。

"版面"：用于设置剪切视图的方式，有水平和垂直两个选项供选择。

"拆分视图百分比"：用于调整剪切视图时的百分比。

"亮度波形"：可以在亮度调节区域中，单击添加节点来调整图像的亮度效果，可以添加多个节点来调整。

"辅助色彩校正"：可以通过色相、饱和度、亮度和柔和度对图像进行辅助颜色校正。

6）亮度校正：该特效用于对图像进行亮度、对比度等方面的校正。该特效参数面板如图6-24所示。其中：

"输出"：选择用于输出的形式。

"显示拆分视图"：勾选该复选框，可以开启剪切视图，以制作动画效果。

"版面"：用于设置剪切视图方式，有水平和垂直两个选项供选择。

"拆分视图百分比"：用于调整剪切视图时的百分比。

"色调范围定义"：该选项组可以通过阴影阈值、阴影柔和度、高光阈值和高光柔和度4个选项来进行色调的调节。

"色调范围"：从右侧下拉菜单中可以选择一种调节颜色的范围。

"亮度"：用来调整图像的明亮程度。

"对比度"：用来调整图像的对比程度。

"对比度等级"：用来辅助对比度调整图像对比级别。值越大，对比度也越大。

"Gramma"：用来调节图像的加玛级别。值越大，图像最亮；值越小，图像越暗。

"基值"：设置图像的曝光程度。

"增益"：调整图像的曝光程度。

"辅助色彩校正"：可以单独设置颜色，对其进行微调处理。

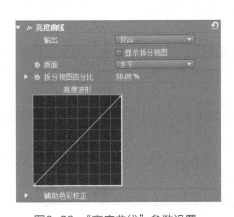

图6-23 "亮度曲线"参数设置

图6-24 "亮度校正"参数设置

7）分色：该特效可以设置要保留的颜色，或者删除图层中的颜色。该特效参数面板如图6-25所示。其中：

"脱色量"：用来设置色彩的脱色值。

"要保留的颜色"：设置要保留颜色。

"宽容度"：设置颜色的差值范围。

"边缘柔和度"：用来设置边缘柔化程度。

"匹配颜色"：用来设置颜色匹配，有使用RGB和使用色相两个选项供选择。

8）广播级色彩：该特效是对图像的色彩值进行调整，以便素材能够在电视中更精确地显示。该特效参数面板如图6-26所示。其中：

"广播区域"：用来选择适合的电视制式，有BTSC制和PAL制，我国应选PAL制。

"如何确保颜色安全"：可以从右侧的下拉菜单中选择用于缩小信号振幅方式。

"降低明亮度"：表示像素移向黑色，减少亮度。

"降低饱和度"：表示像素移向具有像素亮度的灰色，减少色彩。

"抠出不安全区域"：表示使不安全的像素透明。

"抠出安全区域"：表示使安全的像素透明。

"最大信号波幅（IRE）"：设置当前信号振幅的最大值。

图6-25 "分色"参数设置　　　　　　　　图6-26 "广播级颜色"参数设置

9）快速色彩校正：该特效用于对图像的快速色彩校正。该特效参数面板如图6-27所示。其中：

"输出"：选择用于输出的形式。

"显示拆分视图"：勾选该复选框，可以开启剪切视图，以制作动画效果。

"版面"：用于设置剪切视图的方式，有水平和垂直2个选项供选择。

"拆分视图百分比"：用于调整剪切视图时的百分比。

"白平衡"：选择用于校正的颜色。

"色相平衡和角度"：可以通过下方的色彩盘来调整颜色的色相、平衡、数量和角度，也可以通过色相角度、平衡数量级、平衡增益、平衡角度参数来调整。

"饱和度"：用来调整图像的色彩浓度。

"黑色阶""灰度阶""白色阶"：主要用于设置图像的黑白灰程度，即控制图像的暗调、中间调和亮调的颜色。

"输入黑色阶""输入灰色阶""输入白色阶"：用来设置输入电平黑白灰程度的值，可以直接输入数值，也可以通过拖动上方的滑块来完成。

"输出黑色阶""输出白色阶"：用来设置输出电平黑白程度的值，可以直接输入数值，也可以通过拖动上方的滑块来完成。

10）更改颜色：该特效可以通过色相、饱和度和亮度等对图像进行颜色的改变。该特效参数面板如图6-28所示。其中：

"视图"：用来设置校正形式，可以选择校正的图层和色彩校正蒙版。

"色相变换""明度变换""饱和度变换"：分别用来调整色相、明度和饱和度的大小。

"要更改的颜色"：用来设置要改变的颜色。

"匹配宽容度"：用来设置要改变的颜色。

"匹配柔和度"：用来设置颜色的差值范围。

"匹配颜色"：用来设置匹配颜色，可以选择使用RGB、使用色相或使用色度选项。

"反相色彩校正蒙版"：勾选该复选框，可以将当前改变的的颜色值反转。

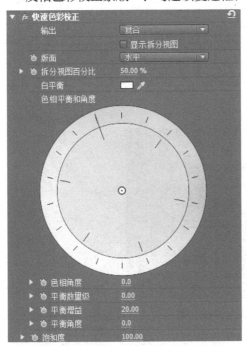

图6-27"快速色彩校正"参数设置

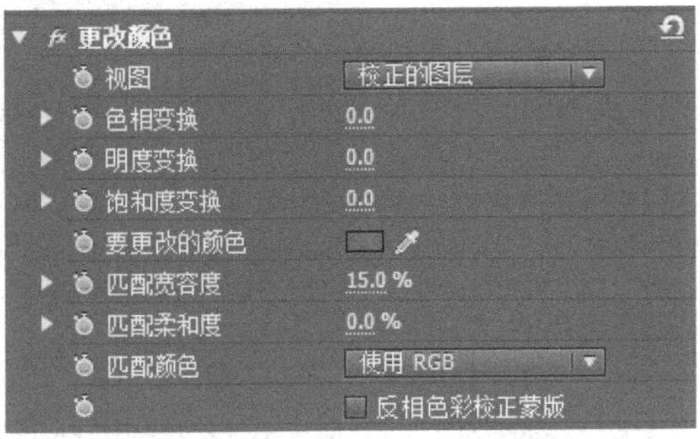

图6-28 "更改颜色"参数设置

11）染色：该特效可以通过指定的颜色对图像进行颜色映射处理。该特效参数面板如图6-29所示。其中：

"将黑色映射到"：用来设置图像中黑色和灰度颜色改变映射和颜色。

"将白色映射到"：用来设置图像中白色改变映射的颜色。

"着色数量"：用来设置色调映射时的映射程度。

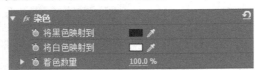

图6-29 "染色"参数设置

12）色彩均化：该特效可以通过RGB、亮度或Photoshop样式3种方式对图像进行色彩均化。将图像中最亮的区域用白色取代，最暗的区域以黑色取代，介于最亮与最暗之间的区域则平均灰色取代。该特效参数面板如图6-30所示。其中：

"色调均化"：用来设置用于补偿的方式，可以选择RGB、亮度或Photoshop样式。

"色调均化量"：用来设置用于补偿的程度。

图6-30 "色彩均化"参数设置

13）色彩平衡：该特效主要按照RGB颜色调节素材的色彩。该特效参数面板如图6-31所示。其中：

"阴影红色平衡""阴影绿色平衡""阴影蓝色平衡"：这几个选项主要用来调整图像阴影的红、绿、蓝色色彩平衡。

"中间调红色平衡""中间调绿色平衡""中间调蓝色平衡"：这几个选项主要用来调整图像的中间色调的红、绿、蓝色色彩平衡。

"高光红色平衡""高光绿色平衡""高光蓝色平衡"：这几个选项主要用来调整图像的高光区的红、绿、蓝色色彩平衡。

图6-31 "色彩平衡"参数设置

14）色彩平衡（HLS）：该特效可以通过对图像的色相、亮度和饱和度各项参数的调整，来改变图像的颜色。该特效参数面板如图6-32所示。其中：

"色相"：用来调整图像的颜色。

"明度"：用来调整图像的明亮程度。

"饱和度"：用来调整图像色彩的浓度。

15）视频限幅器：该特效是对图像的色彩值进行调整，设置视频限制的范围，以便素材能够在电视中更精确地显示。该特效参数面板如图6-33所示。

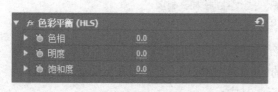

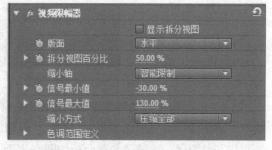

图6-32 "色彩平衡（HLS）"参数设置　　　　图6-33 "视频限幅器"参数设置

16）转换颜色：该特效通过颜色的选择可以将一种颜色直接改变为另外一种颜色。该特效参数面板如图6-34所示，其中：

"从"：利用色块或吸管来设置需要替换的颜色。

"到"：利用色块或吸管来设置替换的颜色。

"更改"：从右侧的下拉菜单中选择替换颜色的基准：可供选择的有色相、色相和明度、色相和饱和度和色相、明度和饱和度几个选项。

"更改依据"：设置颜色的替换方式，可以是颜色设置或颜色变换。

"色相"：用来调整图像的色调。

"明度"：用来调整图像的亮度，正值亮度提高，负值亮度降低。

"饱和度"：用来调整图像色彩的浓度。

"柔和度"：设置替换颜色后的柔和程度。

"查看校正杂边"：勾选该复选框，可将替换后的颜色变为蒙版形式。

17）通道混合器：该特效主要使用修改一个或多个通道的颜色值来调整图像的色彩。该特效参数面板如图6-35所示。其中：

"红色-红色""绿色-绿色""蓝色-蓝色"：表示图像RGB模式，分别调整红、绿、蓝3个通道，其他类推。

"红色-绿色""红色-蓝色"：等表示在红色通道中绿色所占的比例，其他类推。

"单色"：勾选"单色"复选框，图像将变成灰度。

图6-34 "转换颜色"参数设置　　　　　图6-35 "通道混合器"参数设置

▶ 任务实施

技能实战1　花瓣调色——色彩平衡特效

技能实战描述：制作《花瓣调色》视频，效果如图6-36所示。

图6-36　素材调色前后对比效果

技能知识要点：新建项目与序列；应用"色度键"命令进行抠像；使用"色彩平衡"特效调整图像的颜色。

技能实战步骤：

1）建立序列：双击桌面上Premiere Pro CS6软件的快捷图标，启动Premiere Pro CS6软件。在项目名称文本框中输入"花瓣调色"，在弹出的新建序列文件名称文本框中输入"序列01"，"序列预设"为"DV—PAL"下的"标准48kHz"。

2）导入素材：在"项目"窗口中双击，打开"导入"对话框，选择素材文件夹中的"项目6\花瓣调色\01.jpg"文件，单击"打开"按钮。

3）抠像：将"项目"窗口中的"01.jpg"素材拖曳到"时间线"窗口的"视频1"轨中，展开"效果"窗口，将"效果"→"视频特效"→"键控"→"色度键"特效，拖曳到"视频1"轨中的"01.jpg"素材上，打开"特效控制台"窗口，设置"色度键"特效参数，"颜色"选择图片的背景颜色，"相似性"设置为"12.0%"，如图6-37所示。

4）设置颜色：展开"效果"窗口，将"效果"→"视频特效"→"色彩校正"→"色彩平衡"特效，拖曳到"视频1"轨中的"01.jpg"素材上，打开"特效控制台"窗口，设置"色彩平衡"特效参数如图6-38所示。

图6-37 "色度键"特效参数设置　　　　图6-38 "色彩平衡"特效参数设置

5）单击"节目"窗口中的播放按钮，观看预览效果。

技能实战2　衣裳替换颜色——转换颜色特效

技能实战描述：制作《衣裳替换颜色》视频，将蓝色上衣替换成灰色上衣、红色上衣、淡红色上衣，效果如图6-39所示。

图6-39　蓝色衣裳调色为灰色、红色、淡红色衣裳效果

技能知识要点：新建项目与序列；应用"色彩校正"→"转换颜色"命令进行颜色替换。

技能实战步骤：

1）建立序列：双击桌面上Premiere Pro CS6软件的快捷图标，启动Premiere Pro

CS6软件。在项目名称文本框中输入"衣裳替换颜色"，在弹出的新建序列文件名称文本框中输入"序列01"，"序列预设"为"DV—PAL"下的"标准48kHz"。

2）导入素材：在"项目"窗口中双击，打开"导入"对话框，单击选择素材文件夹"项目6\衣裳换颜色\01.mov"文件，单击"打开"按钮，将素材导入到"项目"窗口中。

3）将"项目"窗口中的"01.mov"拖曳到"时间线"窗口的"视频1"轨中，连续拖曳4次"01.mov"到"视频1"中，产生4段视频素材。

4）时间轴窗口中的第1段素材是原素材，衣裳为蓝色，不需要进行设置。

5）设置第2段素材为灰色衣裳：展开"效果"窗口，将"效果"→"视频特效"→"色彩校正"→"转换颜色"特效，拖曳到"视频1"轨中的第2段素材上，打开"特效控制台"窗口，设置"转换颜色"特效参数，"从"设为"蓝色"，"到"设为"灰色"，"更改"设为"色相、明度和饱和度"，"更改依据"设为"颜色变换"，"色相"为"20%"，如图6-40所示。

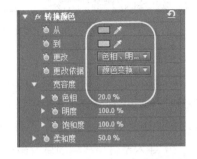

图6-40　第2段素材的参数设置

6）设置第3段素材为红色衣裳：展开"效果"窗口，将"效果"→"视频特效"→"色彩校正"→"转换颜色"特效，拖曳到"视频1"轨中的第3段素材上，打开"特效控制台"窗口，设置"转换颜色"特效参数，"从"设为"蓝色"，"到"设为"红色"，"更改"设为"色相、明度和饱和度"，"更改依据"设为"颜色变换"，"色相"为"30%"，如图6-41所示。

7）设置第4段素材为淡红色衣裳：展开"效果"窗口，将"效果"→"视频特效"→"色彩校正"→"转换颜色"特效，拖曳到"视频1"轨中的第4段素材上，打开"特效控制台"窗口，设置"转换颜色"特效参数，"从"设为"蓝色"，"更改"设为"色相"，其他各项按默认值，如图6-42所示。

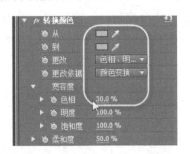

图6-41　第3段素材的参数设置

图6-42　第4段素材的参数设置

8）单击"节目"窗口中的"播放"按钮，预览效果。

技能实战3　植物色彩变换——更改颜色特效

技能实战描述：制作《颜色变换—植物色彩变换》视频，植物颜色由红色逐渐变为绿色再逐渐变为蓝色，效果如图6-43所示。

技能知识要点：新建项目与序列；执行"色彩校正"→"更改颜色"命令进行颜色变换。

图6-43　植物颜色由红色逐渐变为绿色再逐渐变为蓝色效果

技能实战步骤：

1）建立序列：双击桌面上Premiere Pro CS6软件的快捷图标，启动Premiere Pro CS6软件。在项目名称文本框中输入"颜色变换—植物色彩变换"，在弹出的新建序列文件名称文本框中输入"序列01"，"序列预设"为"DV—PAL"下的"标准48kHz"。

2）导入素材：在"项目"窗口中双击，打开"导入"对话框，选择素材文件夹中的"项目6\植物颜色变换\01.mpg"文件，单击"打开"按钮，将素材导入到"项目"窗口中。

3）将"项目"窗口中的"01.mpg"拖曳到"时间线"窗口的"视频1"轨中，右键单击"视频1"轨中的素材，在弹出的快捷菜单中，选择"缩放为当前画面大小"命令，使得画面撑满整个节目窗口。

4）将当前指针置于"00:00:00:00"处，展开"效果"窗口，将"效果"→"视频特效"→"色彩校正"→"更改颜色"特效，拖曳到"视频1"轨中的素材上，打开"特效控制台"窗口，单击要"更改的颜色"特效参数后面的吸管，在"节目"窗口中单击吸取要改变的颜色"红色"，设置"匹配柔和度"参数为"7%"，单击"色相变换"特效左边的"切换动画"按钮，设置"色相变换"的第1个关键帧，参数为"0"，如图6-44所示。

5）将当前指针置于"00:00:01:18"处，在"特效控制台"窗口中，单击"色相变换"右侧的"添加/删除关键帧"按钮，设置第2个关键帧，并修改"色相变换"参数为"243.0"，其他参数不变，如图6-45所示。

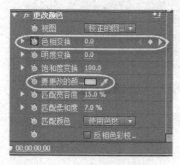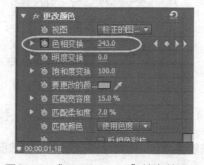

图6-44　0s处参数设置　　　　图6-45　"00:00:01:18"处参数设置

6）单击"节目"窗口中的"播放"按钮，预览效果。

技能实战4　眺望——自动色阶特效

技能描述：制作《眺望》视频，原素材人物肤色偏黄，且光感、层次感较差，使用"自动色阶"进行色彩调整，效果如图6-46所示。

图6-46　使用"自动色阶"进行色彩调整后的效果

技能知识要点：新建项目与序列；执行"调整"→"自动色阶"命令进行颜色变换。

技能实战步骤：

1）建立序列：双击桌面上Premiere Pro CS6软件的快捷图标，启动Premiere Pro CS6软件。在项目名称文本框中输入"眺望"，在弹出的新建序列文件名称文本框中输入"序列01"，"序列预设"为"DV—PAL"下的"标准48kHz"。

2）导入素材：在"项目"窗口中双击，打开"导入"对话框，选择素材文件夹中的"项目6\眺望\眺望素材\眺望_0000.tga"文件，勾选"图像序列"选项，单击"打开"按钮，将素材导入到"项目"窗口中，如图6-47所示。

图6-47　导入图像序列素材

3）将"项目"窗口中的"眺望_0000.tga"素材拖曳到"时间线"窗口中的"视频1"轨中。

4）展开"效果"窗口，将"效果"→"视频特效"→"调整"→"自动色阶"特效，拖曳到"视频1"轨中的素材上，打开"特效控制台"窗口，调整参数如图6-48所示。

5）单击"节目"窗口中的"播放"按钮，预览效果。

图6-48　设置"自动色阶"特效参数

➤ 知识拓展

在进行颜色校正前，还需要进行校正监视器颜色。如果监视器颜色不准确，那么调整出来的影片颜色也会出问题，除了使用专门的硬件设备外，还需要凭自己的感觉来校准监视器色彩。一般情况下，工作间亮度要略低于影片将来播出的场所亮度。

➤ 巩固与提高

实战延伸　制作"水墨画"效果

效果描述：根据给定的素材，制作出"水墨画"效果。利用"黑白"命令将彩色图像转换为灰度图像，使用"查找边缘"命令制作图像的边缘，利用"色阶"命令调整图像的亮度和对比度，使用"高斯"命令制作图像的模糊效果。效果如图6-49所示。

图6-49 "水墨画"效果

素材位置："项目6/任务/素材/实战延伸素材"。

项目位置："项目6/任务/实战延伸"。

实战操作知识点：

1）新建项目与序列。

2）导入"荷花.jpg"素材。

3）将"项目"窗口中的"荷花.jpg"素材拖曳到"视频1"轨中。

4）展开"效果"面板，将"视频特效"→"图像控制"→"黑白"特效拖曳到"视频1"轨中的素材上。

5）展开"效果"面板，将"视频特效"→"风格化"→"查找边缘"特效拖曳到"视频1"轨中的素材上。在"特效控制台"中，展开"查找边缘"特效，将"与原始图像"设为"40%"。

6）展开"效果"面板，将"视频特效"→"调整"→"色阶"特效拖曳到"视频1"轨的素材上。在"特效控制台"中，展开"色阶"特效，设置"色阶"参数，如图6-50所示。

7）展开"效果"面板，将"视频特效"→"模糊与锐化"→"高斯模糊"特效拖曳到"视频1"轨中的素材上。在"特效控制台"中，展开"高斯模糊"特效选项，设置"模糊度"为"8"，如图6-51所示。

▼ *fx* 色阶	
▶ ⓞ (RGB)输入黑色阶	81
▶ ⓞ (RGB)输入白色阶	251
▶ ⓞ (RGB)输出黑色阶	0
▶ ⓞ (RGB)输出白色阶	255
▶ ⓞ (RGB)灰度系数	100
▶ ⓞ (R)输入黑色阶	0
▶ ⓞ (R)输入白色阶	255
▶ ⓞ (R)输出黑色阶	0
▶ ⓞ (R)输出白色阶	255
▶ ⓞ (R)灰度系数	100
▶ ⓞ (G)输入黑色阶	0
▶ ⓞ (G)输入白色阶	255
▶ ⓞ (G)输出黑色阶	0
▶ ⓞ (G)输出白色阶	255
▶ ⓞ (G)灰度系数	100
▶ ⓞ (B)输入黑色阶	0
▶ ⓞ (B)输入白色阶	255
▶ ⓞ (B)输出黑色阶	0
▶ ⓞ (B)输出白色阶	255
▶ ⓞ (B)灰度系数	100

图6-50 "色阶"特效参数设置

图6-51 "高斯模糊"特效参数设置

练习题6

1. 填空题

1）在影视制作后期，经常需要对拍摄的素材进行颜色调整，称为_____。

2）Premiere Pro CS6中专门用于改变图像亮度、对比度和颜色的特效，主要有_____、_____、_____3类视频特效。

3）"照明效果"视频特效可以为图像添加灯光效果，它属于_____类视频特效之下。

4）"调整"类视频特效主要包括_____等特效。

5）"图像控制"类视频特效主要包括_____等特效。

6）"色彩校正"类视频特效主要包括_____等特效。

2. 选择题

1）一般在对画面进行抠像之后，为了调整前后景的画面色彩协调，需要使用（   ）。

　　A. 色彩校正　　　　　　　　　　B. 色彩替换

　　C. 色彩传递　　　　　　　　　　D. 色彩匹配

2）图像变暗或者变亮，但是图像中阴影部分和高亮部分受影响较少，应该调整下列哪个参数（   ）。

　　A. Gamma　　　　B. Pedestal　　　　C. Gain　　　　D. Shadows

3）下面哪些特效可以对颜色进行校正（　　　）。

A．弯曲　　　　　　　　　　　　　　B．色彩校正

C．色彩平衡（HLS）　　　　　　　　D．色彩平衡（RGB）

4）色彩校正特效中，由于调色时是根据目标的亮度，中间和暗部3个灰度区域进行区分调整的，所以对这3个区域的界定必须首先进行，那么，对调色时所根据的灰度范围重新进行界定，应该调节下列哪个参数（　　　）。

A．黑/白平衡　　　　　　　　　　　　B．色调饱和度偏移

C．弯曲度　　　　　　　　　　　　　D．色调范围

项目7 音频编辑

学习目标

➤ 了解音频特效与音频过渡的涵义。
➤ 掌握音频编辑与音频合成的方法。
➤ 掌握音频的调节方法。
➤ 掌握利用调音台调节音频的方法。

在影视制作后期，音频效果在编辑节目过程中是不可或缺的。一个优秀的视频必须要有完美的声音与之相配合，熟练使用音频编辑工具，熟练掌握音频常用特效是保证音频效果的必需技能。

任务　音频编辑与特效制作

➤ 知识准备

1. 单声道与双声道

单声道是指使用一只话筒录音，信号录在一条轨道上，放音时是一个点声源，单声道文件放音时按理说应该只有一个音箱响，但是，音箱在放音时一般会把这个单声道声音一分为二来放音。

双声道具有两个声道。但双声道不等于立体声，但立体声至少要双声道，用一个喇叭播放立体声是不可能的。虽然双声道立体声的音质和声场效果大大好于单声道，但它只能再现二维平面的空间感。随着音频技术的发展，多声道技术给人以三维空间感的享受，如5.1声道、6.1声道、7.1声道。

2. Premiere CS6中对音频素材进行编辑处理的3种方式

（1）使用菜单命令对音频素材进行编辑

在"时间线"窗口中，单击选定所要编辑的素材，执行"素材"→"音频选项"命令，如图7-1所示。

（2）修改"时间线"窗口中音频轨道的关键帧，对音频素材进行修改

单击选定"时间线"音频轨中的素材，单击"音频"轨中"名称"左侧的"展开-折叠"三角按钮 ▶ 音频1，调整当前指针的位置，单击音频轨中的"添加/移除关键帧"，即可添加（删除）关键帧，左右拖动关键帧，可以移动关键帧的位置，上下拖动关键帧可以调整音量的变

化，如图7-2所示。添加关键帧的方法，也可以按<Ctrl>键的同时，单击音轨中的黄线（淡化线）来添加音轨中的关键帧。

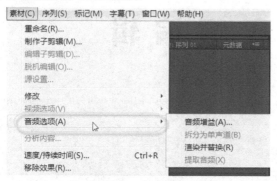

图7-1 "素材"菜单

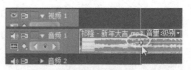

图7-2 对音频素材修改关键帧

（3）使用"效果"面板为音频素材添加"音频特效"

单击选定"时间线"音频轨中的素材，展开"窗口"→"音频特效"选项，如图7-3所示。将选定的音频特效拖曳到音频轨中的素材上。

图7-3 "音频特效"选项

3. 音频素材的编辑

1）将"项目"窗口中的音频素材拖曳到音频轨中，然后使用"工具"面板中的"剃刀"工具进行裁剪，具体方法同视频素材裁剪。

2）双击"项目"窗口中的音频素材，在"源"素材窗口中，设置"入点""出点"，使用"插入"和"覆盖"操作。具体方法同视频素材操作一样。

3）视音频分离：如果某视频素材中包含音频，为了不影响视频及音频素材的编辑，要对视频素材进行视音频分离。右击视频素材，在弹出的快捷菜单中，选择"解除视音频链接"命令。

4）调节素材音量。

① 使用"特效控制台"调节。单击选定音频轨上的素材，打开"特效控制台"窗口，单击"音量"旁的小三角按钮，在"级别"选项中设定"关键帧"，并调节"级别"的值，可以改变音量的大小，设置多个关键帧并给以不同的值，可以使音量达到起伏变化的效果，如图7-4所示。

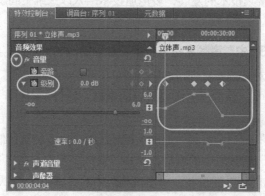

图7-4 "特效控制台"调节音量

② 在音频轨上调节音量。单击音频轨左边的"展开–折叠"按钮▶ 音频1，展开音频轨，单击音频轨左边的"显示关键帧"按钮◆，选择"显示素材关键帧"，如图7-5所示。在音频轨中上下拖动淡化线（黄色水平线），可调节音量，如图7-6所示。

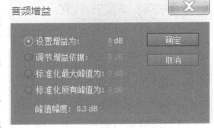

图7-5 "显示关键帧"按钮弹出菜单　　　　图7-6 利用"淡化线"（黄线）调节音量

③ 通过"增益"调整音量。增益是指音频信号电平的强弱，直接影响音量的大小。

使用"淡化线"或"音频特效"调节音量，无法判断其音量与其他音频轨道音量的相对大小，也无法判断音量是否失真，而使用音频增益所提供的标准化功能，则可以自动调节音量到不失真的最高程度。

单击选定音轨上的某素材，右击，在弹出的快捷菜单中选择"音频增益"命令，在"音频增益"对话框中的"设置增益为"选项，根据试听情况，设置dB的值，如果音轨上有多段素材，为避免音量时大时小，可以同时选中音轨上的多段素材，右击，在弹出的快捷菜单中选择"音频增益"命令，选择对话框中的"标准化所有峰值为"选项，设置dB的值。如图7-7所示。

图7-7 音频增益设置

④ 使用"调音台"调节音频，具体方法见"调音台"。

4. 调音台

"调音台"窗口可以更加有效地调节节目的音频效果，可以实时混合"时间线"窗口中各轨道的音频对象。"调音台"中所做的调节都是针对音频轨道进行的，所有在当前音频轨道上的素材都会受到影响。"调音台"窗口如图7-8所示。

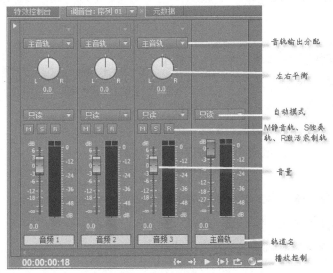

图7-8 "调音台"窗口

轨道音频控制器与"时间线"窗口中的音频轨道是相对应的，控制器1对应"音频1"，当"时间线"窗口中增加一个音频轨道时，"调音台"窗口自动增加一个音频轨道控制器与其对应。

1）音轨输出分配：设置音轨输出到哪个轨道，默认输出到"主音轨"。

2）左右平衡：向左转动旋钮，左声道（L）的音量增大；向右旋转，右声道（R）的声音增大；也可以直接单击旋钮下的值，输入新值（-100～100）。

3）自动模式：在播放音频的同时可以实时记录所做的调整。

① 关：系统会忽略当前音轨上的调整效果。

② 只读：系统会读取当前音频轨道上的调整效果，但是不能记录音频调节过程。

③ 锁存：在移动音量滑块或平衡旋钮之前，保持原来的属性设置，调整后，则保存当前的属性设置。

④ 触动：类似于"锁存"。

⑤ 写入：从开始播放即开始记录。

4）控制按钮：如图7-9所示，单击"静音轨道"按钮，该轨道音频设置为静音状态。单击"独奏轨"按钮，其他未选中独奏按钮的轨道音频会自动设置为静音状态（主音轨除外）。单击"激活录制轨"按钮，可以使用录音设备将声音录制到目标轨上。

5）音量调节滑杆：上下拖动滑块，可调节音量大小，以分贝数显示音量。使用主音轨控制器可以调节"时间线"窗口中所有轨道上的音频对象。

6）轨道名：对应着"时间线"窗口中的各个音频轨道。

7）播放控制按钮：如图7-10所示，使用方法同"节目"窗口中的按钮。

图7-9　控制按钮

图7-10　播放控制按钮

5. 录制音频

1）在"控制面板"中选择"声音"，弹出"声音"窗口，选择"录制"选项卡，选择录制设备中的"麦克风"选项，单击"属性"按钮，弹出"麦克风属性"窗口，选择"级别"选项卡，调整"麦克风加强"音量大小，如图7-11所示。

2）在"调音台"窗口中，单击要存放录制音频轨对应的"激活录制轨"按钮，并将"主音轨"的音量滑块拖曳到最低层，可以防止录音时有回声。

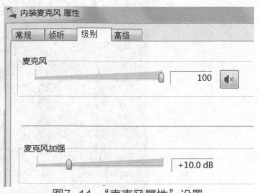

图7-11　"麦克风属性"设置

3）激活录音装置后，上方会出现音频输入的设备选项，选择输入设备即可，单击窗口下方的"录制"按钮，如图7-12所示。

4）单击窗口下方的"播放"按钮，就可以进行解说或演奏了，此时开始录制，当需要停止时，单击"停止"按钮，当前录制的音频就出现在当前轨道和"项目"窗口中了。

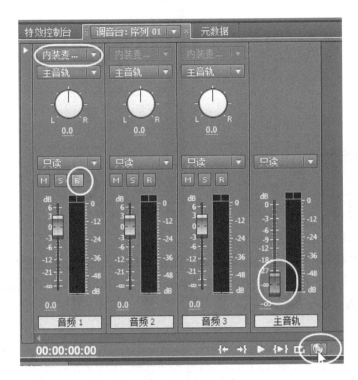

图7-12　录制音频

6. 为音频素材添加特效

Premiere CS6提供了20多种的音频特效，通过设置特效可以产生回声、合声以及降噪音的效果。对音频素材添加音频特效的方法与视频素材的特效添加方法相同，添加音频特效后，在"特效控制台"窗口中进行设置。

对音频素材设置切换的方法与视频素材切换的方法相同。

7. 设置音频轨道特效

对音频轨道上的素材可以设置特效外，还可以直接对音频轨道进行特效添加。

打开"调音台"窗口，在调音台中，单击调音台左上角的"显示/隐藏效果与发送"按钮，展开目标轨道的特效设置栏，单击右侧设置栏上的"效果选择"小三角，如图7-13所示。弹出音频特效下拉列表，选择需要的音频特效，如图7-14所示，就在该音频轨道上添加所选的特效。可以在同一个音频轨上添加多个特效并分别控制。

图7-13　效果选择　　　　　　　　　图7-14　音频特效列表

　　如果需要调节轨道的音频特效，右键单击添加的特效，在弹出的下拉列表中选择某设置即可，如图7-15所示。在下拉列表中选择"编辑"命令，可以在弹出的特效设置对话框中进行更加详细的设置，如图7-16所示。

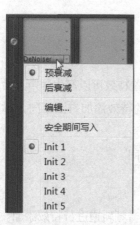

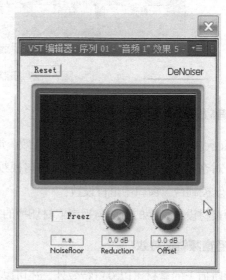

图7-15　右击特效弹出的快捷菜单　　　　　图7-16　特效编辑器

➤➤ 任务实施

技能实战1　配乐朗诵——左右声道输出

技能实战描述：制作《梅雨潭配乐朗诵》视频，效果如图7-17所示。

图7-17　视频效果截图

技能知识要点：新建项目与序列；应用"平衡"音频特效进行设置不同的轨道声音从不同的声道发出；使用"剃刀"工具对音频素材进行裁剪，使用"调音台"对轨道上的声音进行音量调节。

技能实战步骤：

1）建立序列：双击桌面上Premiere Pro CS6软件的快捷图标，启动Premiere Pro CS6软件。在项目名称文本框中输入"梅雨潭配乐朗诵"，在弹出的新建序列文件名称文本框中输入"序列01"，"序列预设"为"DV—PAL"下的"标准48kHz"。

2）导入素材：在"项目"窗口中双击，打开"导入"对话框，选择素材文件夹中的"项目7/设置左右声道播放/梅雨潭画面1.m4v"文件，单击"打开"按钮。同理，导入两个音频文件"安妮的仙境.mp3"和"梅雨潭.wav"，"项目"窗口中的素材如图7-18所示。

3）将"项目"窗口中的"梅雨潭画面.m4v"素材拖曳到"时间线"窗口的"视频1"轨中；将"梅雨潭.wav"拖曳到"音频1"轨中；将"安妮的仙境.mp3"素材拖曳到"音频2"轨中。"时间线"窗口如图7-19所示。

图7-18　"项目"中的素材　　　　　　　　图7-19　"时间线"窗口

4）单击"播放"按钮试听，发现解说与画面有点音画内容不对位，单击选定"音频1"轨中的素材，将当前指针移到"00:00:06:00"处，单击"工具箱"中的"剃刀"工具，在当前位置单击，截断"音频1"中的素材，使用"工具箱"中的"选择工具"，单击前一段素材，按<Delete>键删除，右击"音频1"轨中已删除素材的空白地方，选择"波纹删除"命令，使得后段素材前移，不留空挡。

5）展开"效果"面板，将"音频特效"→"音频特效"→"平衡"特效拖曳到"音频1"轨中的素材上，单击"特效控制台"，调整"平衡"参数为"100"，设置为只有右声道有声音，如图7-20所示。

将"音频特效"→"音频特效"→"平衡"特效，拖曳到"音频2"轨中的素材上，单击"特效控制台"，调整"平衡"参数为"-100"，设置为只有左声道有声音，如图7-21所示。

 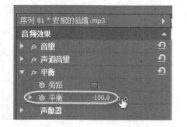

图7-20 "音频1"轨中"平衡"特效设置　　图7-21 "音频2"轨中"平衡"特效设置

　　也可以不添加"平衡"特效，单击选定"音频1"轨中的素材，打开"特效控制台"，展开默认的"声像器"特效，设置"平衡"参数为"100"，如图7-22所示。单击选定"音频2"轨中的素材，打开"特效控制台"，展开默认的"声像器"特效，设置"平衡"参数为"-100"，如图7-23所示，达到左右声道输出的效果。

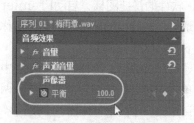 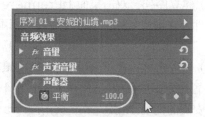

图7-22 "音频1"特效设置　　　　　　图7-23 "音频2"特效设置

　　6）调整左右声道音量。打开"调音台"窗口，由于"音轨2"上的背景音乐声音有点大，需要调小一点，"音轨1"上朗诵音量要调大一些，拖动"调音台"中的滑块调整，如图7-24所示。

图7-24 调整音量大小

　　7）单击"视频1"轨中的素材，在"特效控制台"中，展开"运动"选项，设置"缩放比例"参数为"143.0"，使得视频画面撑满屏幕。

　　8）单击"节目"窗口中的"播放"按钮，预览效果。

技能实战2　梅雨潭朗诵——声音变调

技能实战描述：制作《梅雨潭》声音变调视频，效果如图7-25所示。

技能知识要点：新建项目与序列；应用"声像器"默认音频特效设置不同的轨道声音从不同的声道发出；使用"剃刀"工具对音频素材进行裁剪，使用"PitchShifter"音调转换特效对"音轨1"上的朗诵声音进行声音变调调节。

技能实战步骤：

1）建立序列：双击桌面上Premiere Pro CS6软件的快捷图标，启动Premiere Pro CS6软件。在项目名称文本框中输入"梅雨潭朗诵变调"，在弹出的新建序列文件名称文本框中输入"序列01"，"序列预设"为"DV—PAL"下的"标准48kHz"。

图7-25　视频效果截图

2）导入素材：在"项目"窗口中双击，打开"导入"对话框，选择素材文件夹中的"项目7/声音的变调/梅雨潭画面1.m4v"文件和音频文件"安妮的仙境.mp3"及"梅雨潭.wav"。

3）将"项目"窗口中的"梅雨潭画面.m4v"素材拖曳到"时间线"窗口的"视频1"轨中，将"梅雨潭.wav"拖曳到"音频1"轨中，将"安妮的仙境.mp3"素材拖曳到"音频2"轨中。

4）单击"播放"按钮试听，发现解说与画面有点音画内容不对位，单击选定"音频1"轨中的素材，将当前指针移到"00:00:06:00"处，单击"工具箱"中的"剃刀"工具，在当前位置单击，截断"音频1"中的素材，使用"工具箱"中的"选择工具"，单击前一段素材，按<Delete>键删除，右击"音频1"轨中已删除素材的空白地方，选择"波纹删除"命令，使得后段素材前移，不留空挡。

5）单击选定"音频1"轨中的素材，打开"特效控制台"，展开默认的"声像器"特效，设置"平衡"参数为"100"，设置为只有右声道有声音，单击选定"音频2"轨中的素材，打开"特效控制台"，展开默认的"声像器"特效，设置"平衡"参数为"-100"，设置为只有左声道有声音。

6）展开"效果"面板，将"音频特效"→"PitchShifter"（音调转换）特效拖曳到"音频1"轨中的素材上。

7）在"特效控制台"中，展开"PitchShifter"（音调转换）特效，展开"自定义设置"选项，将"Pitch"旋钮向左旋转至-6，或直接输入"-6"，并确认"Formant Preserve"被勾选上，单击播放按钮试听效果，"梅雨潭.wav"的音调降低，声音变得低沉，如图7-26所示。"PitchShifter"（音调转换器）效果主要有两个设置，"Pitch"可以调节音量的高低；"Formant Preserve"用来控制类似卡通声音效果和振鸣效果。

8）将"Pitch"旋钮向右旋转至6，或直接输入"6"，并去掉"Formant Preserve"的勾选，单击播放按钮试听效果，音调被提高，声音类似卡通效果的动画音。

9）其实，改变音频素材的速度，也可以改变音调效果。

① 在"项目"窗口中单击鼠标右键，在弹出的快捷菜单中选择"新建分项"→"序列"命令，新建一个"序列02"的序列，将"项目"窗口中的"梅雨潭.wav"拖曳到"序列2"的"音频1"轨上。

图7-26　音调转换设置

② 右击"音频1"轨中的素材，在弹出的快捷菜单中，选择"速度/持续时间"命令，在对话框中，设置"速度"为80%，单击"确定"按钮，试听效果，发现声音的播放速度变慢，同时音调降低，声音缓慢低沉。

③ 再次设置"速度/持续时间"对话框，设置速度为"200%"，如图7-27所示，试听效果，发现声音的播放速度为原来的2倍，音调变高，语速快，声音变尖。如果勾选"保持音调不变"选项，虽然语速变快，但音调不变。

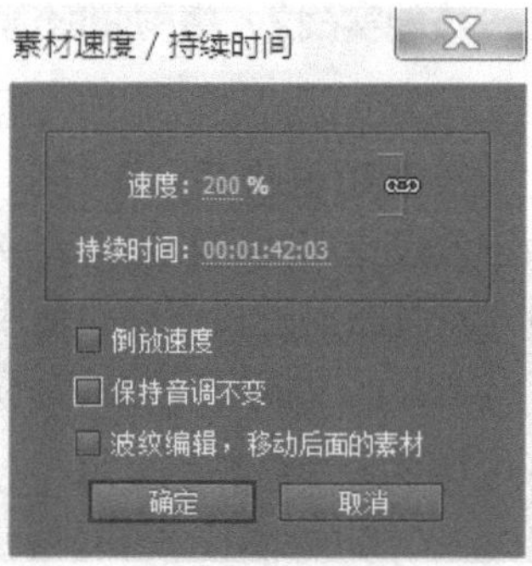

技能实战3　梅雨潭朗诵——室内混音

技能实战描述：制作《梅雨潭》室内混音效果，模拟声音在房间中的传播情况，产生室内的混音效果。

技能知识要点：新建项目与序列；应用"Reverb"音频特效设置室内混音效果。

技能实战步骤：

1）建立序列：双击桌面上Premiere Pro CS6软件的快捷图标，启动Premiere Pro CS6软件。在项目名称文本框中输入"梅雨潭室内混音"，在弹出的新建序列文件名称文本框中输入"序列01"，"序列预设"为"DV—PAL"下的"标准48kHz"。

2）导入素材：在"项目"窗口中双击，打开"导入"对话框，选择素材文件夹"室内混音效果"中的"梅雨潭.wav"。

3）将项目窗口中的"梅雨潭.wav"素材拖曳到"时间线"窗口的"音频1"轨中。

4）展开展开"效果"面板，将"音频特效"→"Reverb"（混响）特效拖曳到"音频1"轨中的素材上。

5）在"特效控制台"中，展开"Reverb"（混响）特效，展开"自定义设置"选项，修改相应的参数，如图7-28所示。

图7-27　"速度/持续时间"对话框

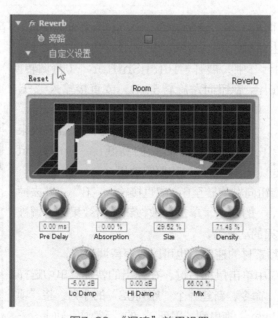

图7-28　"混响"效果设置

6）单击"节目"窗口中的播放按钮，预览效果。

技能实战4 暴风雨——音效合成

技能实战描述：制作《暴风雨》音效合成视频，效果如图7-29所示。

技能知识要点：新建项目与序列；给多个音轨添加音频素材；使用"剃刀"工具对音频素材进行裁剪；给音频素材添加过渡效果。

图7-29 视频效果截图

技能实战步骤：

1）建立序列：双击桌面上Premiere Pro CS6软件的快捷图标，启动Premiere Pro CS6软件。在项目名称文本框中输入"暴风雨"，在弹出的新建序列文件名称文本框中输入"序列01"，"序列预设"为"DV—PAL"下的"标准48KHZ"。

2）导入素材：在"项目"窗口中双击，打开"导入"对话框，选择素材文件夹"项目7/音效的合成/暴风雨画面.m4v"文件和音频文件"暴风雨.mp3""狂暴的阵风.mp3""闪电.mp3""雷声.mp3"。

3）将"项目"窗口中的"暴风雨画面.m4v"素材拖曳到"视频1"轨中；将"狂暴的阵风.mp3"拖曳到"音频1"轨中。将当前时间指针置于"00:00:05:00"处，将"闪电.mp3"素材拖曳到"音频3"轨中的当前位置；将当前时间指针置于"00:00:10:00"处，将"雷声.mp3"素材拖曳到"音频2"轨中的当前位置；将当前时间指针置于"00:00:30:00"处，将"暴风雨.mp3"素材拖曳到"音频4"轨中的当前位置；在确保"吸附"按钮 在按下的情况下，连续3次将"暴风雨.mp3"素材拖曳到"音频4"轨中。

4）展开"效果"面板，将"音频过渡"→"交叉渐隐"→"持续音量"过渡特效拖曳到"音频4"轨中第1个"暴风雨.mp3"素材的左边；将"音频过渡"→"交叉渐隐"→"音量增益"过渡特效拖曳到"音频4"轨中4个素材之间；再次将"持续音量"过渡特效拖曳到"音频4"轨中第4个"暴风雨.mp3"素材的右边。

5）单击选定"视频1"轨中的素材，将当前时间指针置于"00:00:48:22"处，使用"工具箱"中的"剃刀"工具将素材截断，将后段多余的素材删掉。

6）单击"节目"窗口中的"播放"按钮，预览效果。

≫ 知识拓展

常用音频特效简介

1. 平衡

该特效控制左、右声道的相对音量，正值时，增大右声道的音量，负值时，增大左声道的音量，值为100时，只能从右声道有声音输出；值为-100时，只能从左声道有声音输出，如图7-30所示。

图7-30 "平衡"特效设置

2. 选频

该特效是删除超出指定范围或波段的频率，设置面板如图7-31所示。其中，"中值"表示指针波段中心的频率；"Q"表示指定要保留的频段的宽度，低的设置产生宽的频段，高的设置产生窄的频段。

3. 多功能延迟

该特效可以对素材中的原始音频添加最多4次回声，其参数设置如图7-32所示。其中，"延迟1～4"：设置原始声音的延长时间，最大值为2s；"反馈1～4"：设置有多少延时声音被反馈到原始声音中；"级别1～4"：控制每一个回声的音量；"混合"：控制延迟和非延迟回声的量。

图7-31 "选频"特效设置　　　　　　图7-32 "多功能延迟"特效设置

4. 低音

该特效对素材音频中的重音进行增强或减弱，同时不影响其他音频部分，该特效仅处理200Hz以下的频率，参数设置如图7-33所示。

5. 声道音量

该特效允许单独控制素材或轨道立体声或5.1环绕中每一个声道的音量。每一个声音的电平以dB计量，参数设置如图7-34所示。

图7-33 "低音"特效设置　　　　　　图7-34 "声道音量"特效设置

6. DeNoiser（降噪）

该特效可以自动探测录音带的噪声并消除它。使用该特效可以消除模拟录制（如磁带录制）的噪声。参数设置如图7-35所示。"Freeze"（冻结）：将噪声基线停止在当前值，使用这个控制来确定素材消除的噪声；"Noisefloor"（噪声范围）：指定素材播放时的噪声基线（以dB为单位）；"Reduction"（减小量）：指定消除在-20～0dB范围内的噪声的数量；"Offset"（偏移）：设置自动消除噪声和用户指定的基线的偏移量，这个值限定在-10～10dB，当自动降噪不充分时，偏移允许附加的控制。

图7-35 "DeNoiser"特效设置

7. 延迟

该特效可以添加音频素材的回声，参数设置如图7-36所示。"延迟"：指定回声播放延迟的时间，最大值为2s；"反馈"：指定延迟信号反馈叠加的百分比；"混合"：控制回声的数量。

8. 参数均衡

该特效可以增大或减小与指定中心频率接近的频率，其设置面板如图7-37所示。其中，"中置"：指定特定范围的中心频率；"Q"：指定受影响的频率范围，低设置产生宽的波段，而高设置产生一个窄的波段，调整频率的量以dB为单位。如果使用"放大"参数，则用来指定调整带宽。"放大"：指定增大或减小频率范围的量，在-24～24dB之间。

图7-36 "延迟"特效设置

图7-37 "参数均衡"特效设置

9. 使用左声道/使用右声道

这两个特效主要是使声音回放在左（右）声道中进行，即使用右（左）声道的声音来代替左（右）声道的声音，而左（右）声道原来的信息将被删除。

10. EQ（均衡）

该特效类似于一个变量均衡器，可以使用多频段来控制频率、宽带及电平，参数设置如图7-38和图7-39所示。其中，"Frequency"（频率）：用于设置增大或减小波段的数量，在20～2000Hz之间；"Gain"（增益）：指定增大或减小的波段数量，在-20～+20dB之间；"Q"：指定每一个过滤器波段的宽度，在0.05～5.0个八度音阶之间；"Out Put"（输出）：指定对EQ输出增益增加或减少频段补偿的增益量。

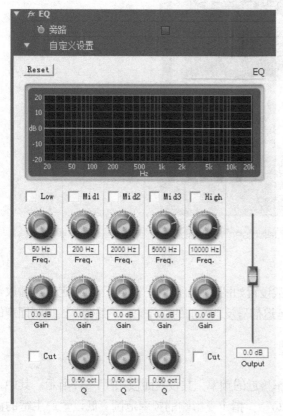

图7-38 "EQ"自定义设置

图7-39 "EQ"个别参数设置

11. MUltiband Compressor（多频带压缩）

该特效是一个可以分波段控制的三波段压缩器，当需要柔和的声音压缩器时，就使用这个效果，而不要使用"Dynamics"（编辑器）中的压缩器。

可以在自定义设置视图使用图形控制器，也可以在单独的参数视图中调整数值。在自定义设置视图中的频率窗口中会显示3个波段（低、中、高），通过调整增益和频率的手柄来控制每个波段的增益。中心波段的手柄确定波段的交叉频率，拖曳手柄可以调整相应的频率。参数设置和自定义设置如图7-40和图7-41所示。

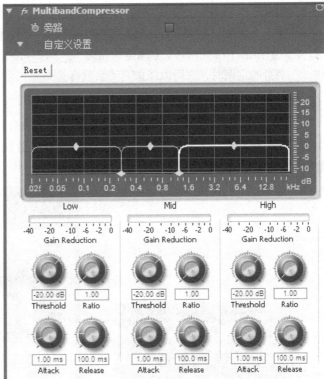

图7-40 "MUltiband Compressor"
个别参数设置

图7-41 "MUltiband Compressor"
自定义设置

"Solo"：只播放激活的波段。

"Make Up"：调整电平，以dB为单位。

"BandSelect"：选择一个波段。

"Crossover Frequency"：增大选择波段的频率范围。

12. PitchShifter（音调转换）

该特效可以以半音为单位调整音高。用户可以在带有图形按钮的"自定义设置"选项中调节各参数，也可以在"单独参数"选项中通过调整各参数选项值来进行调整。参数设置和自定义设置如图7-42和图7-43所示。

图7-42 "PitchShifter"个别参数设置

图7-43 "PitchShifter"自定义设置

"Pitch"（音高）：指定半音过程中定调的变化，调整范围在-12～12dB之间。

"Fine Tune"（微调）：确定定调参数的半音格之间的微调。

"FormantPreserve"（保留共振峰）：保护音频素材的共振峰免受影响，例如，当增加一个高音的定调时，它可以保护它不会变样。

13. Reverb（混响）

该特效为一个音频素材增加气氛，模仿室内播放音频的声音。可以使用自定义设置视图中的图形控制器来调整各个属性，也可以在个别的参数视图中进行调整，参数设置和自定义设置如图7-44和图7-45所示。

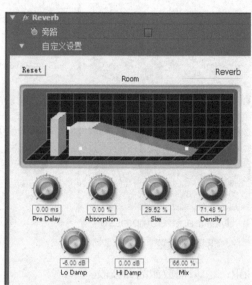

图7-44 "Reverb"个别参数设置　　　图7-45 "Reverb"自定义设置

"Pre Delay"（预延迟）：指定信号与回响之间的时间。这项设置是与声音传播到墙壁然后再反射回到现场听众的距离相关联的。

"Absorption"（吸收）：指定声音被吸收的百分比。

"Size"（大小）：指定空间大小的百分比。

"Density"（密度）：指定回响"拖尾"的密度。

"Lo Damp"（低阻尼）：指定低频的衰减（以dB为单位）。衰减低频可以防止嗡嗡声造成的回响。

"Hi Damp"（高阻尼）：指定高频衰减，低的设置可以使回响的声音柔和。

"Mix"（混音）：控制回响的力量。

▶▶ 巩固与提高

实战延伸　制作"声音的淡入淡出"效果

效果描述：根据给定的素材，制作出"声音的淡入淡出"效果。利用设置"关键帧"的方法实现"声音的淡入淡出"效果，使用"剃刀"工具截断多余的音频素材。视频截图如图7-46所示。

图7-46 "声音的淡入淡出"视频截图

素材位置："项目7/任务/素材/实战延伸素材"。

项目位置："项目7/任务/实战延伸"

实战操作知识点：

1）新建项目与序列。

2）导入"广场.mov""人群.avi""小朋友.avi""水边的阿获丽娜.mp3"素材。

3）分别将"广场.mov""小朋友.avi""人群.avi"拖曳到"视频1"轨中，将"水边的阿获丽娜.mp3"素材拖曳到"音频1"轨中。

4）使用"剃刀"工具对音频素材进行裁剪，删除多余的音频素材。

5）展开"音频1"轨左侧的"折叠-展开轨道"按钮▶，单击选定"音频1"轨中的素材，将当前时间指针置于"00:00:00:00"处，单击"音频1"轨左侧的"添加/删除关键帧"按钮◇，设置第1个音频关键帧。将当前时间指针置于"00:00:02:10"处，设置第2个音频关键帧，鼠标向下拖动第1个关键帧，实现声音由低到高的淡入效果。同理，在"00:00:17:05"处设定第3个关键帧，在"音频1"轨的末尾添加第4个关键帧，鼠标向下拖动第4个关键帧，实现声音由高到低的淡出效果，如图7-47所示。

图7-47 "音频1"轨的显示

6）声音的淡入淡出效果除了使用设置关键帧的方法来实现以外，还可以为音频素材添加音频转场效果"恒定增益"来实现。

① 将"效果"→"音频过渡"→"交叉渐隐"→"恒定增益"音频转场特效拖曳到音频素材的最左端。

② 单击此音频转场特效，在"特效控制台"中，将"持续时间"参数设置一下，这个转场持续时间将延长。

③ 将"效果"→"音频过渡"→"交叉渐隐"→"恒定增益"音频转场特效拖曳到"时间线"窗口的音频素材的最右端。

④ 单击第2个音频转场特效，在"特效控制台"中，将"持续时间"参数设置一下，这个转场持续时间将延长。

这两个音频转场，一个位于开始处，一个位于结束处，实现淡入淡出的效果。

练习题7

1. 填空题

1）_____是默认的音频转场效果。

2）使用_____特效，可以模仿出在室内播放声音的效果。

3）使用_____特效，可以有效去除背景中的噪音。

4）在"调音台"所做的调整时针对_____，而不是针对素材的。

5）在"调音台"录制的声音会自动被添加到_____和_____。

6）要想为多条音轨添加相同的效果，最好通过"调音台"添加_____来实现。

2. 选择题

1）在Premiere中，对音频的调节，分为"素材"调节和（　　）调节。

　　A．调音台　　　　　　B．声音　　　　　　C．时间线　　　　　　D．轨道

2）时间线上的音频轨道，不能是（　　）轨道。

　　A．单声道　　　　　　B．双声道　　　　　　C．5.1声道　　　　　　D．环绕声道。

3）展开时间线窗口音轨左边的卷展控制按钮，使用选择工具拖曳音频素材（或轨道）上的
（　　）线，可调整音量。

　　A．黄色　　　　　　　B．蓝色　　　　　　　C．红色　　　　　　　D．绿色

4）Premiere Pro用什么来表示音量（　　）。

　　A．分贝　　　　　　　B．赫兹　　　　　　　C．毫伏　　　　　　　D．安培

5）Premiere Pro可以为每个音频轨道增添子轨道，最多提供了（　　）个子轨道

　　A．5　　　　　　　　B．6　　　　　　　　C．7　　　　　　　　D．8

6）音频特效（Effect）可以添加到音频素材和（　　）上。

　　A．图片素材　　　　　B．视频素材　　　　　C．视频轨道　　　　　D．音频轨道

项目8 综合应用

学习目标

掌握影片导出时的参数设置方法。

掌握Premiere Pro CS6软件可输出的文件格式。

掌握用Premiere Pro CS6软件制作完整项目的流程。

任务 综合应用

≫ 知识准备

1. 设置导出影片的参数

使用Premiere Pro CS6软件将影片编辑完成后，在导出影片时，需要设置一些基本参数。

1）在"时间线"窗口中，选定需要输出的视频序列，单击"文件"菜单，执行"导出"→"媒体"命令，弹出如图8-1所示的"导出设置"对话框。

图8-1 "导出设置"对话框

2）在对话框右侧的"格式"选项下拉选项中，选择要导出的格式，如图8-2所示。

图8-2 "导出格式"选择

默认的导出格式为AVI；如果要输出MP4格式的视频，则选择H.264；选择Quick Time选项则导出MOV格式；选择Windows Media选项，则导出WMV格式；选择FLV选项，则导出FLV格式的流媒体文件；可以导出如BMP、JPEG、PNG等格式的图片文件；选择"动画GIF"选项，则导出GIF动画文件，这种格式支持在网页上以动画形式显示，但不支持声音播放，而选择"GIF"选项，则只能输出为单帧的静态图像序列；选择MP3或"波形音频"格式，则只能导出声音文件。

3）单击"输出名称"后面的文件名，如图8-3所示。在弹出的对话框中，可以修改导出视频的存放位置及文件名。

4）"视频"选项，可以指定导出视频的制式、品质、影片尺寸大小及比特率设置等，如图8-4所示。

"视频编解码器"：为了减少视频数据所占的硬盘空间，在输出时可以对文件进行压缩。单击右侧的下拉列表，选择需要的压缩方式，如图8-5所示。

"品质"：设置影片的压缩品质。通过拖动百分比来设置。

"宽度"/"高度"：设置影片的尺寸。

"帧速率"：如果在"视频编解码器"中设置为"NTSC DV"，则速率固定为29.97，设置为"PAL DV"，则速率固定为25。如果"视频编解码器"中设置为"Microsoft

Video 1”，则速率可以设置1～60的数值。

"场序"：设置影片的场扫描方式，有逐行、上场优先、下场优先3种方式。

"纵横比"：设置视频制式的画面比。

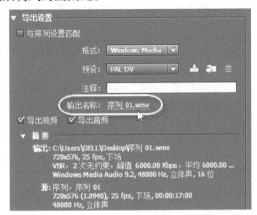

图8-3 "输出名称"设置

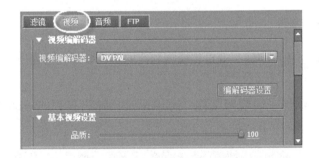

图8-4 "视频选项"设置

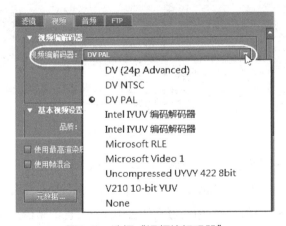

图8-5 选择"视频编解码器"

"比特率设置"：目标比特率为编码器允许的目标数据速率，可以进行设置，值越大，文件也越大，要根据要求来设定，如图8-6所示。"最大比特率"值越大，影片质量越高，但对解码器的要求也越高。

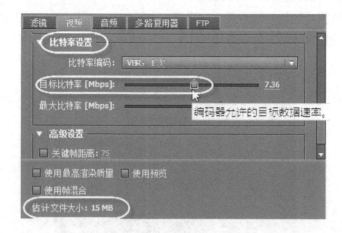

图8-6 "比特率"设置

5）单击"导出"按钮，立即对当前设置进行导出影片。

2. 输出静态图片序列

将视频输出为静态图片序列，就是将视频画面的每一帧都输出为一张静态图片，形成一个自动编号的图片序列。

1）在时间线上添加一段视频文件，可以设定只输出视频的一部分内容，如图8-7所示。

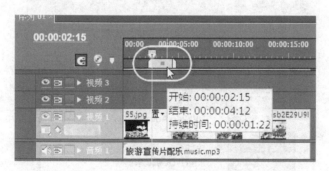

图8-7 选定部分视频

2）执行"文件"→"导出"→"媒体"命令，弹出"导出设置"对话框，在"格式"下拉列表中选择"TIFF"选项，在"预设"下拉列表中选择"PAL TIFF"选项，单击"输出名称"右侧的名称，在弹出的对话框中设置文件名和保存文件的路径，勾选"导出视频"复选框，在"视频"选项面板中，勾选"导出为序列"复选框，如图8-8所示，如果不够选"导出为序列"复选框，则导出为单帧图像。

3）单击"导出"按钮，开始渲染导出，导出后的序列图片，如图8-9所示。

图8-8 "导出设置"对话框

图8-9 导出的序列图片

≫ 任务实施

技能实战 美丽的草原我的家——MTV制作

技能实战描述：利用一些静态图片、视频素材，添加字幕和背景音乐，制作MTV视频。

技能知识要点：新建项目与序列；各类素材的导入方法；设置关键帧动画；设置素材的

切换效果；制作字幕，声音与歌词对位，视频导出等。

技能实战步骤：

1）准备素材：

准备一组草原的图片15张；视频素材"草原牛马群"和"野生动物"片段；歌曲"美丽的草原我的家"作为背景音乐。

2）启动Premiere CS6软件，如图8-10所示。在"新建项目"对话框中，单击"浏览"按钮，选择项目要存储的路径，此时选择存储路径为"桌面"，项目文件"名称"文本框中输入"美丽的草原我的家"，单击"确定"后，出现"新建序列"对话框，在"有效预设"中选择"DV-PAL"中的"标准48kHz"，序列名称框中默认名称为"序列01"。

图8-10　启动Premier cs6软件后的界面

3）单击"确定"按钮，进入编辑界面。在项目窗口中导入图片素材、视频片段、背景音乐。方法如下：

在项目窗口中单击鼠标右键，在弹出的菜单中选择"导入"选项，在导入对话框中选择"项目8/素材/美丽的草原我的家"文件夹下的图片"草原1"～"草原15"、视频片段"草原牛马群"和"野生动物"、背景音乐"美丽的草原我的家.mp3",如图8-11所示。注意:在导入多个素材时,按住<Shift>键,单击第一个素材,再单击最后要选定的素材,则一次导入多个素材。

图8-11 导入素材

为了对各类素材进行分类管理,单击项目窗口下面的"新建文件夹"按钮▯,新建一个文件夹,并重命名为"图片",然后将这15个图片素材拖曳到"图片"文件夹。依同样方法,新建"视频"文件夹,存放视频素材;新建"音频"文件夹,存放音频素材。

4)在项目窗口中,展开"图片"文件夹,把图片素材"草原1"~"草原15"选定,拖入"时间线"窗口的视频轨道1中。如图8-12所示。可左右拖动"时间轴显示比例缩放轴",来改变视频轨道1上素材显示的比例,放大显示比例可精准进行编辑。

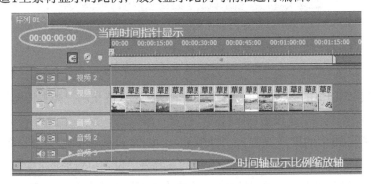

图8-12 素材加入轨道

5)右击"视轨1"上每张图片,选"速度/持续时间",可以看到,每张图片的显示时间为5s,如图8-13所示。如果想改变某张图片的显示时间,可在"速度/持续时间"对话框中直接在s的位置单击,修改时间。

6)将时间线窗口的"当前时间指针"拖到"草原4"素材上,看到"节目"窗口的图片不能撑满窗口,需要放大图片。此时单击选定"视频轨道1"上的"草原4"素材,再单击"特效控制台"，在特效控制台中，展开"运动"前面的"▼"。去掉"等比缩放"前的"√"，然后修改"缩放宽度"和"缩放高度"后面的参数，使图片占满节目窗口，如图8-14所示。

图8-13 设置图片显示时间

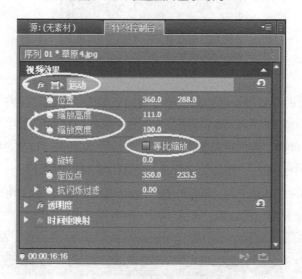

图8-14 特效控制台设置参数

7）单击节目窗口下的播放按钮，看到播放的图片都是静止的。如要把图片变成动态的效果，就要在"特效控制台"中设置该素材的"位置"参数。

单击选定视频轨中的第一张图片"草原1"，把时间指针移到0s处，单击"特效控制台"，展开"运动"选项，单击"位置"左边的马蹄表，设定位置后的X坐标值为"309"，Y坐标值为"288"，产生一个关键帧；把时间指针移到4s24帧处，设定位置后的X坐标值为"419"，Y坐标值为"288"，自动产生第2个关键帧，如图8-15所示。这样就在这两个关键帧之间产生了一个左右移动的动画。

8）以此类推，把时间线上其余的14张图片素材，设置成上下移动、由远及近、由近及远、透明度变化等的动画，都是通过在"特效控制台"中设置关键帧的变化，达到动画的效果。

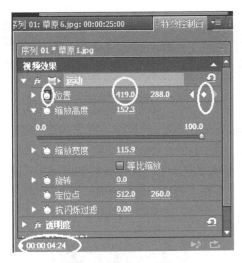

图8-15 设置关键帧

9）把时间指针移到第15张图片的结尾，也就是1min15s处，把项目窗口中的"草原牛马群.wmv"拖到视频轨1的最后，右击刚拖入到时间线的视频，选"解除视音频链接"，单击音频轨上的"草原牛马群.wmv"，按<Delete>键，删除音频轨上的"草原牛马群.wmv"。

10）单击视频轨1上的"草原牛马群.wmv"，在节目窗口中，看到视频画面比较小，要想把画面放大，右击视频轨1上的"草原牛马群.wmv"，选"缩放为当前画面大小"。

11）利用"三点编辑"，从"野生动物"视频素材中截取一段马儿奔跑的片段插入到时间线上"草原牛马群"的后面。方法如下：

首先时间线指针移到"草原牛马群"的后面。在项目窗口中双击"野生动物.wmv"素材，则该视频显示在"源素材"窗口中，如图8-16所示。选定要选择素材的起点0s1帧处 **00:00:00:01**，单击"入点"按钮 ，"源素材"窗口中的时间指针移到"源素材" **00:00:07:02**，即7s2帧处，单击"出点"按钮 。单击"插入"按钮，如图8-17所示。

图8-16 源素材显示

图8-17　设置源素材中的入点、出点

12）右键单击时间线上刚插入的视频片段"野生动物.wmv"，选择"解除视音频链接"命令，单击音频轨上的"野生动物.wmv"，按<Delete>键，删除音频。

13）添加镜头之间的转场效果。把时间指针移到时间线"视频轨道1"的"草原1"与"草原2"之间，单击屏幕左下角"效果"窗口中的"视频切换"→"3D运动"→"摆入"，拖入到"草原1"与"草原2"之间，如图8-18所示。以此类推，在每两个镜头之间拖入不同的转场效果。

图8-18　添加转场效果

14）添加背景音乐。

把时间指示针移到0s处，在项目窗口中，把"美丽的草原我的家.mp3"拖到"音频轨1"上。如果音乐较长，则可以用"剃刀"工具把多余的音乐剪断，然后删除。

15）添加字幕。

① 制作显示白颜色文字的字幕。

制作歌词的第一句"美丽的草原我的家"。执行"字幕"→"新建字幕"→"默认静态字幕"命令，单击"确定"按钮，出现如图8-19所示，在字幕制作窗口中输入文字，选择字体为 CTLiShuSJ ，字号为 字体大小 62.0 、字体颜色为"白色"。输入的文字一定要保证在安全框内，如果某个字不会显示，那么就换一种字体。

关闭字幕制作窗口，项目窗口中就出现了一个素材"字幕01"，用同样的方法制作"字幕02""字幕03"等。

技巧：制作第2句歌词字幕时，为了使每句歌词字幕具有相同的字体、颜色、大小，可以在项目窗口中，右击第1句歌词，在弹出的菜单中，选择"复制"命令，然后在项目窗口中，右击，在弹出的菜单中，选择"粘贴"命令，右击刚复制好的字幕，选择"重命名"命令，命名为"字幕02"。

打开歌词文本文件"歌词.txt"，复制第2句歌词，然后双击打开项目窗口中的"字幕02"，拖曳选定文字内容，按<Ctrl+V>组合键，进行粘贴，这样就替换了歌词内容，保留了原来的字幕格式，然后关闭字幕窗口。以此类推，制作第3句歌词字幕"字幕03""字幕04"等。

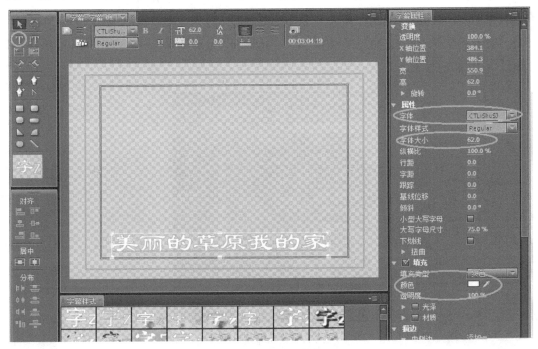

图8-19　制作字幕

单击"新建文件夹"按钮，新建一个文件夹，重命名为"白色字幕"，然后将项目窗口中的"字幕01"～"字幕22"拖曳到"白色字幕"文件夹中，如图8-20所示。

图8-20　"白色字幕"文件夹

② 制作显示蓝颜色文字的字幕。

因为蓝颜色字幕与白颜色字幕的字幕文字内容、字体大小和字型完全一致，只是字的颜色不一样。所以把白色字幕复制，然后把相应的字幕颜色设置为蓝色。

在项目窗口中，右击"白色字幕"文件夹，在弹出的菜单中，选择"复制"命令，然后，在项目窗口右击，选择"粘贴"命令，右击刚复制的文件夹，重命名为"蓝色字幕"。双击打开"蓝色字幕"文件夹，将"字幕01"～"字幕22"分别重命名为"字幕01-1"～"字幕22-1"，如图8-21所示。

图8-21 "蓝色字幕"文件夹

在"蓝色字幕"文件夹中，双击打开"字幕01-1"，拖曳选定字幕框中的字幕内容，在字幕框右侧的"字幕属性"的"填充"→"颜色"中，设定颜色为 0849EE ，如图8-22所示，关闭字幕窗口。

依次打开"字幕02-1"～"字幕22-1"，分别设定字幕颜色为 0849EE （蓝色）。

③ 在项目窗口中，把"字幕01"拖到"视频轨2"上。通过节目窗口的播放按钮，仔细听歌曲，当开始唱第一句时，把这点作为"字幕01"的入点，当这句唱完时的时间点作为"字幕01"的出点。以此类推，将"字幕02"～"字幕22"分别拖到"视频2"轨上相应的位置，使得歌词与歌曲对应。

④ 在项目窗口中，打开"蓝色字幕"文件夹，将"字幕01-1"拖到"视频轨3"上，入点与出点分别对应"视频轨2"轨上的"字幕01"，如图8-23所示。

⑤ 在"效果"窗口中，展开"视频特效"选项，将"过渡"→"线性擦除"特效拖曳到时间线窗口中"视频3"轨的"字幕01-1"上。单击选定"视频3"轨的"字幕01-1"，单击"特效控制台"窗口，在歌词开始的位置即 00:00:00:12 ，展开"线性擦除"选项，单击"切换动画"按钮 ，设定第1个关键帧，将"过渡完成"参数设定为24%，如图8-24所示。

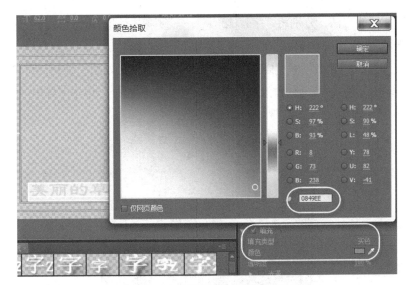

图8-22 设置字幕为蓝色文字

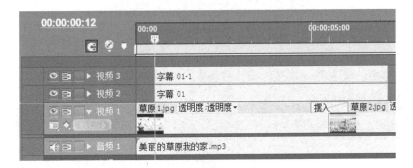

图8-23 蓝色字幕与白色字幕对应

图8-24 设定开始关键帧

将时间线指针定位到第1句歌词的结束位置即 00:00:06:13 ，将"过渡完成"参数设定为100%，自动设定第2个关键帧，如图8-25所示。播放预览，会看到逐字显示歌词的效果。

依次按照④⑤的方法，分别将"字幕02-1"～"字幕22-1"进行设定。

16）导出视频。

执行"文件"→"导出"→"媒体"命令，出现对话框，如图8-26所示。在导出设置对话框中，选择输出"格式"，修改输出文件名称，查看输出路径，单击"导出"按钮。

图8-25　设定过渡结束关键帧

图8-26　"导出"设置

17）保存项目文件。

执行"项目"→"项目管理"命令，在弹出的"项目管理"对话框中，设置要导出项目保存的位置，单击"确定"按钮，如图8-27所示。

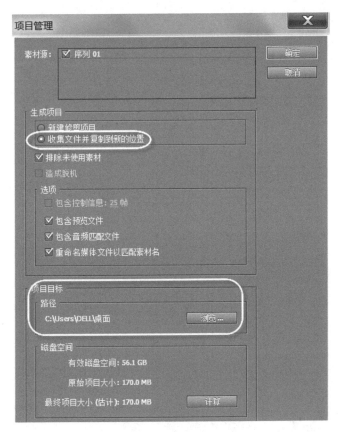

图8-27 "项目管理"对话框

≫ 知识拓展

如何导出高清视频

1）要想制作高清视频，首先要求所选用的视频素材必须是比较清晰的，必须达到所建项目的要求，即素材的分辨率不能小于所建项目时设置的视频画面尺寸。

2）建立项目时，必须新建一个高清项目，要求导出生成多高的分辨率，就需要建多大视频画面大小的项目。

3）导出时，在"导出"对话框中，单击"视频"选项，选用高品质并设置码率（比特率），如果要导出1080×720的分辨率，则设置成目标比特率为9000k以上，如果要导出720×576的分辨率，则设置成目标比特率为6000k以上，依此类推。

≫ 巩固与提高

1）收集所在学校校风校貌的图片、反映学生青春蓬勃向上的生活视频片段和图片，选择一曲合适的歌曲，配上字幕，制作3～5min左右的MTV视频。

2）搜集素材，运用所学知识，制作一段15～20s的婚礼视频短片的片头。

3）搜集或自己拍摄素材，制作一段3min左右的反映"蓝天碧水，秀美山川"的公益广告。